U0376441

杨永生 主编

中国建筑名师丛书

梁思成

林洙 著

中国建筑工业出版社

图书在版编目（CIP）数据

梁思成/林洙著.—北京：中国建筑工业出版社，2010.9
（中国建筑名师丛书）
ISBN 978 - 7 - 112 - 12453 - 4

Ⅰ.①梁…　Ⅱ.①林…　Ⅲ.①梁思成（1901～1972）–建筑
学–思想评论　Ⅳ.①TU-092.7

中国版本图书馆 CIP 数据核字（2010）第 180912 号

责任编辑：王莉慧　徐　冉　李　鸽
责任设计：肖　剑
责任校对：张艳侠　刘　钰

中国建筑名师丛书
杨永生　主编

梁思成

林　洙　著

＊

中国建筑工业出版社出版、发行（北京西郊百万庄）
各地新华书店、建筑书店经销
北京嘉泰利德公司制版
北京建筑工业印刷厂印刷

＊

开本：850×1168 毫米　1/32　印张：4¼　字数：100 千字
2012 年 5 月第一版　　2012 年 5 月第一次印刷
定价：**18.00** 元
ISBN 978 - 7 - 112 - 12453 - 4
　　　（19723）

梁思成（1901~1972）

　　我国当代建筑学家。早年清华学校毕业后留学美国。曾任东北大学建筑系主任，中国营造学社法式部主任，清华大学营建系主任，北京市建设委员会副主任，中国建筑学会副理事长，中国科学院学部委员。梁思成是我国建筑教育的开拓者，是应用现代科学方法研究我国古代建筑的奠基人。

编者按：

　　这篇梁思成先生传记的上编是林洙先生于1987年应《建设报》之约写的"开拓者的足迹——梁思成的一生"一文经改动后编入此书的；而下编是2004年出版的林洙著《梁思成林徽因与我》一书第12、13、14部分（1966～1972）略作修改补充的，并增补了一些图片。

目　录

上编

学术成就

革新世家

　　梁思成，广东省新会县茶坑人（现属新会县环城乡茶坑村），是梁启超先生的长子（实为梁启超次子，因长子出生后仅两个月便夭亡了，鲜为人知，故称梁思成为长子）。1898 年"戊戌政变"失败后，梁启超逃亡日本。1901年 4 月 20 日，梁思成出生于日本东京。这个婴儿的出生给梁启超夫妇既带来了欢乐，也带来了烦恼。原来，这个小宝贝的双脚并不像正常人似的脚尖向上，而是双腿劈开，足尖相对。他们担心儿子不能健康地成长，到处求医。一位日本外科医生建议他们做一个小木盒把婴儿的双脚放进去紧紧夹住，以求扳正。这样，数月后，孩子的脚果然矫正了。

　　梁思成的生母是清朝礼部尚书李瑞棻的妹妹李蕙仙。她出身

梁启超与子女
右立姐姐思顺，右二弟思永，左思成

1909年梁思成（前排左1）于日本横滨双涛园

名门，自幼熟读诗书，文化修养颇高，对儿女管教严厉，暇时读书打牌。庶母王桂荃，原是李夫人娘家的丫环，担起了全部家务，是李夫人各项意愿的忠实执行者。子女们称李夫人"妈"，称王氏"娘"。梁思成就是依在娘的身旁长大的。这位勤劳善良的农村女子，对孩子们百般慈爱。她是一位不寻常的女子。她对李夫人和梁启超，关怀备至，操心着十个孩子的饮食起居、冷暖衣着。一个没有文化的母亲，却毫不放松地督促、检查孩子们的学习。而她自己也就在监督子女学习的过程中，在繁忙的家务间隙，向孩子们学习，逐步学会了读书写字。这需要多么大的精力和毅力啊！梁启超的子女除了早逝的外，后来个个成才。这固然和梁启超的教育有关，但孩子们的早期教育，主要应归功于这个普通的"娘"。然而，这个在旧社会没有什么社会地位的妇女，却在十年动乱中，由于是梁启超的"老婆"而被划入"黑五类"，在85岁高龄时被抄走全部衣物，赶出家门，编入"劳改队"去扫街。她的子女几乎没有一个幸免，不是"走资派"，就是"反动学术权威"而被关押。老人终于经受不起这样的折磨，在一个凄风苦雨的夜里，孤独地离开了人间。在她闭上双眼以前，没能再看一眼她的任何一个子女。

梁启超的两位夫人，共生育子女10人。长女思顺（字令娴），直接受教于梁启超最多，著有《艺蘅馆词选》，已故；长子出生两月后夭逝；次子即思成；三子思永，是我国著名的考古学家，已故；次女思庄，是我国著名的图书馆学专家，已故；四子思忠毕业于美国弗吉尼亚陆军学院，1932年曾任大队长，在上海"一·二八"事变中病故；三女思懿（后改思一），新中国成立后一直是我国红十字会的主要负责人之一，已故；五子思达，财会工作者，已故；四女思宁，早年投身革命，加入新四军，现已离休，已故；幼子思礼，是我国航天工业的高级专家，中国科学院院士，1987年当选为国际宇航科学院院士。

1906年梁启超全家由横滨迁居须磨一位华侨的别墅——怡和山庄。此处依山傍海，可以听到海涛和后山的松涛，因而，梁启超将它改名为双涛园。梁思成的童年就在这里度过。由于梁启超较早就受到西方近代思想的影响，他对子女不采取当时中国家庭中常见的封建家长式的管教办法。他既是慈父严师，又与孩子们交朋友。这在他给孩子们的信中，充分显示出来。父亲教给思成做人的高尚品德，两位母亲给他以慈爱的照顾，因此梁思成从小就形成了热情活泼、正直、诚实、勇敢的性格。

学贯中西

梁思成是在父亲办的华侨子弟学校、横滨大同学校幼儿园及神户同文学校初小接受启蒙教育的。华侨子弟学校的爱国主义教育，对梁思成产生了深刻的影响，在他幼小的心中培植了一种强烈的民族自尊感。

1913 年梁思成随父母从日本回国，回国后曾在北京汇文学校及崇德学校高小就学。当时，梁启超任熊希龄内阁司法总长，1914 年辞去政府职务，并常在清华学校讲学。

1915 ~ 1923 年梁思成在清华学校

1915 ~ 1923 年梁思成入清华学校学习。维新运动后的日本社会及梁启超的影响，使梁思成比其他少年更早地接触到"近代文明"。因而，在入学之初他便以一个生气勃勃的少年出现，成为师友们注意的优秀青年。在清华学习期间，他逐渐显示出多方面的才能。他除学业优秀外，兴趣十分广泛。他爱好体育运动，曾在校运

梁思成（左1）担任清华军乐队队长时与队友合影

动会上获跳高第一名。他擅长攀索及单双杠，还是一名足球健将。这对他后来从事古建筑调查，跋山涉水，攀登殿堂梁柱及古塔塔刹，都极有帮助。

他爱好音乐，并具有较高的音乐素养。他同时学习钢琴和小提琴的演奏，担任清华军乐队的队长，兼第一小号手，亦擅长短笛。在校合唱团，他能担任中音、低音两个声部的演唱。

他最爱好的还是美术，在校期间曾被推举为校刊的美术编辑，为校刊画过速写、漫画及校刊各栏刊头画等大量作品。

梁思成的另一特点是具有冷静而敏捷的政治头脑，同学们称他是"一个有政治头脑的艺术家"。"五四"运动时他是清华学生中的小领袖之一，是"爱国十人团"和"义勇军"的中坚分子。1919年12月清华学生因成立"学生自治会"受到校长的阻挠，于是发生了一场声势很大的驱赶校长的运动，在校刊上展开了"校长应具备何等条件"的讨论。

梁思成在《清华周刊》1922 年 3 月第 238 期上发表了"对于新校长条件的疑问"一文。他在文中说:"我记得上学期终了的时候,我们学生提出新校长的三种条件,大意是:一、中英文兼优的;二、办教育有名望的;三、没有政党臭味的。依我所见,除了第二条之外,其余两条就根本没有存在之必要。"他在这篇文章中还论述:"一个人既与政治有关系,他就必定有所属的政党。政党这东西,岂如我们所想,是一件毒如蛇蝎的坏东西吗?他是一个主义的结晶。只要是一个社会里的人,除非他不知道本身的存在,除非他没有脑筋,总要属于一党。只要我的意见同某党的政策相合,我便属于那党。无论如何我们绝找不出一个绝对无党派关系的人。"①

在清华时期与梁思成关系较密切的同学有:陈植②、吴文藻③、吴去非、黄自④和徐宗漱等。他还在这个时期与徐宗漱、吴文藻两人合译《世界史纲》,经梁启超校阅后在商务印书馆出版。

---

① 据清华大学校志载,1920 年 8 月 28 日,外交部任命金邦正为清华学校校长。清华学生为支援北京八校教职员反对政府克扣教育经费请愿索薪而发生"六三"惨案,后于 1921 年 6 月 11 日宣布罢课。金邦正与董事会议决,凡届时学生不赴大考者,一律留级一年。9 月 11 日,学校举行开学典礼,多数学生拒绝出席,以示抗议。金邦正无着,将校务交给教务处主任暂行代兼。1922 年 4 月,外交部派曹云祥任代理校长。在此期间,清华学生在《清华周刊》上展开了关于"校长应具备何等条件"的讨论。

② 陈植(1902~2002),1923 年留学美国宾夕法尼亚大学建筑系,1928 年获硕士学位。1929 年始任教于东北大学,1931 年与赵深合办建筑事务所,为华盖三巨头之一。解放后任上海市建筑规划局副局长,上海市民用建筑设计院院长。

③ 吴文藻(1901~1985),江苏江阴人,1917 年入清华,1923 年获美国特达默斯社会学硕士,后又获哥伦比亚大学社会学博士学位,1929 年,在燕京大学任教授与冰心结婚,后在云南大学任教,1951 年回国,1953 年任民族学院教授,1957 年被错划右派分子后,从事编译工作,1979 年被聘为中国社科院顾问。

④ 黄自(1904~?),字今吾,12 岁入清华,担任清华军乐队单簧管演奏员,并且是合唱团的男高音歌手,1921 年学钢琴,因公费去美国无学音乐名额,而入俄亥俄州欧柏林学院攻读心理学,他是爱国民主人士黄炎培的堂侄。

8

1917 年梁启超辞去段祺瑞内阁财政总长职务后，渐脱离政界，于是他每在假期为子女们讲授国学。初讲《国学源流》，后讲《孟子》、《墨子》、《前清一代学术》等。

梁思成在清华学校完成了中学学业。他受到了很扎实的国语、英语、数理化和人文学科的训练。

1923 年 5 月 7 日，梁思成和弟弟思永同乘一辆摩托车去天安门广场参加"二十一条国耻日"纪念活动，行至南长街口被军阀金永炎的汽车撞伤，右腿骨折，脊椎受伤，因此赴美留学只得推迟一年。他颇为自己落后一年而焦急。但梁启超认为推迟一年赴美，利用这一年时间多读些国学也是有益的。梁启超在给梁思成的信中说："父示思成：吾欲汝在院两月中取《论语》、《孟子》，温习暗诵，务能略举其辞，尤于其中有益修身之文句，细加玩味。次则将《左传》、《战国策》全部浏览一遍，可益神智，且助文采也。更有余日读《荀子》则益善。《荀子》颇有训古难通者，宜读王先谦《荀子集解》。"（梁启超 1923 年 5 月与思成书）这一年他切实地按照父亲的教导对国学下了功夫，由此打下了深厚的国学基础。

约在 1918 年时，梁思成认识了父亲的挚友林长民（学者、诗人、政治活动家）的女儿林徽音（后来改为林徽因①）。后来，

---

① 林徽因（1904～1955），女，原名林徽音，福建闽侯人。1920 年曾就读于英国伦敦圣玛利女校，1921 年入北平培华女子中学。1924 年入美国宾夕法尼亚大学美术学院，选修建筑学课程。1927 年毕业后转入耶鲁大学学习舞台美术。1928 年与梁思成结婚。同年夏与梁思成共同创办东北大学建筑系，并任教于该系。1930 年加入中国营造学社，1931 年参加该社工作。1931～1937 年多次参加该社古建调查测绘工作。与此同时，发表许多文学作品，成为北方文学界有影响的作家。1946 年又协助梁思成创办清华大学建筑系并任该系教授，1955 年病故北京。

她的作品版本众多，主要有人民文学出版社的《林徽因集》、天津百花文艺出版社的《林徽因文集》文学卷及建筑卷。

林长民及女儿林徽因

林徽因成为梁的妻子，是他事业上的亲密合作者。她才智超人，貌美，并很早就显露出在多方面的天赋与魅力，后来，成为建筑师、诗人、文学家。1921年林长民因事奉派往英国伦敦，林徽因随行，并在伦敦的一个女子学校入学。她从一个同学那里认识了建筑师这行职业。由于她的影响，梁思成也选择了建筑为他的专业。

1924年6月梁思成伤愈后，与林徽因同往美国宾夕法尼亚大学学习。因为当时宾大建筑系不招收女学生，林徽因只好入美术系，选修建筑系的课程，结果建筑学的成绩优异，在1926年她被聘为建筑设计课的兼任助教，次年又升为兼任讲师。

1924年9月13日梁思成的母亲李蕙仙因患癌症病逝。

1927年6月，梁思成以优异的成绩获宾大建筑学硕士学位，林徽因同样以优异的成绩获宾大艺术学院学士学位。

与梁思成先后在宾大学习建筑的中国学生有：杨廷宝①、陈植、童寯②、谭垣③等人。

梁思成在宾大就学期间刻苦好学，并进一步形成了他严谨的治学精神。他对西方文化及建筑史有特殊的爱好，除听课外还博览群书，对著名的古建筑逐一进行深入的研究，读遍有关的参考资料，并整理出前人对这些建筑的评价。他还能把这些建筑的平面、立面、剖面图，毫不费力地默画出来，真是博闻强记。用梁思成自己的话来说是"下笨功夫"。宾校的博物馆欧美闻名，馆藏大量我国古代文物。他经常与林徽因欣赏凝视，徘徊于中国佛像与汉唐明器、古代铜陶器之间。

1920 年代，宾大以及当时整个美国建筑界在建筑设计方面还是折中主义的，一切建筑外形的设计必须采用古典的形式，不得有丝毫的改动。然而，在 19 世纪末、20 世纪初，已有不少美国建筑大师对建筑创作发表了精辟的见解，诸如：

---

① 杨廷宝（1901～1982），字仁辉，河南南阳人。1921 年清华学校毕业后，留学美国宾夕法尼亚大学建筑系，1924 年获硕士学位后参加了克利夫兰博物馆设计。1927 年回国后加入天津基泰工程司，主持图房工作，直至 1948 年。1940 年起兼任中央大学教授。1949 年后先后曾任南京大学、南京工学院教授、副院长及建筑研究所所长。曾任中国建筑学会第五届理事长。1957 年和 1961 年两次当选国际建协副主席。1955 年当选中国科学院学部委员。

② 童寯（1900～1983），字伯潜，满族。1925 年清华学校毕业后，留学美国宾夕法尼亚大学建筑系，1928 年获硕士学位。此后，在美国费城和纽约两家建筑设计事务所工作两年。1930 年在东北大学任教并在梁思成离任后接任主任。1931 年冬加入赵深、陈植建筑师事务所。该所于 1932 年改称华盖建筑师事务所，主持图房工作，直至1952 年结束华盖业务。1944 年起兼任中央大学教授，1949 年以后至逝世一直任南京工学院教授、建筑研究所副所长。

③ 谭垣（1903～1996），广东中山人。1929 年获美国宾夕法尼亚大学建筑系硕士学位后回国加入范文照建筑师事务所，从 1931 年起兼任中央大学建筑系教授，1934 年起任专职教授，1937 年起兼课重庆大学建筑系。1947 年起任上海之江大学教授。1952年起任同济大学教授，晚年致力于研究纪念建筑。

"当今的美国建筑就是这样：功能失去形式，形式失去功能；局部跟整体脱节，整体只跟不负责任的、粗野、僵硬而无知的傻蛋联系；是头脑迟钝、心地浅薄的人的纪念物；是财迷心窍的凡夫庸人的纪念物；是乱七八糟的病态功能的乱七八糟的形式。失去了有机性，走向无机性，归宿是完蛋……"（陈志华译自 Towards the Organic，作者 Louis Henri Sullivan）

"如果我们看一看建筑从伯利克里时代的完美到君士坦丁时代的没落过程，我们就会看到，衰败的一个确切的症候就是把喜爱的形式和范例拿来套在不适合于它们的用途上……"

"美的正常发展是通过行动达到完善。装饰打扮的不可改变的发展是越来越装饰打扮，最后是堕落和荒唐。堕落的第一步是使用没有必然联系的、没有功能的因素，不论是形式还是色彩。如果告诉我说，我的主张将导致赤身裸体，我接受这个警告。在赤身裸体中我见到本质的庄严，而不是做伪装的服饰。"（陈志华译自 A Memorial of Horatio Grenough 一书中的 Form and Function）

这些建筑大师的著作，梁思成当然阅读过，这些论点显然影响着他，因而他的建筑设计作业，构图简洁，朴实无华。同时他对建筑的功能与形式脱节，形式只能死板地去模仿古代某种建筑外形的教学方法，产生怀疑，认为这不能培养设计人才，而是画匠。他把这个担心告诉了父亲。

梁启超于 1927 年 2 月 16 日写信安慰他说：

"你觉得自己天才不能副你的理想，又觉得这几年专做呆板功夫，生怕会变成画匠。你有这种感觉，便是你的学问在这时期内将发生进步的特征，我听见倒喜欢极了。孟子说：'能与人规矩，不能使人巧。'凡学校所教与所学不外规矩方面的事，若巧则要离开了学校才能发现。规矩不过求巧的一种工具，然而终不能不以

青年林徽因

1928年梁思成与林徽因在加拿大温哥华

此为教，以此为学，正以能巧之人，习熟规矩后，乃愈其巧耳……况且凡一位大文学家，大美术家之成就，常常还要许多环境与及附带学问的帮助。中国先辈说要'读万卷书，行万里路'……将来你学成之后，常常找机会转变自己的环境，扩大自己的眼界和胸次，到那时候或者天才会爆发出来，今尚非其时也。"

"思成再留美一年，转学欧洲一年，然后归来最好。关于思成学业，我有点意见。思成所学太专门了，我愿意你趁毕业后一两年，分出点光阴多学些常识，尤其是文学或人文科学中之某部门，稍为多用点功夫。我怕你因所学太专门之故，把生活也弄成近于单调……"

"专门学科之外，还要选一两样关于自己娱乐的学问，如音

乐、文学、美术等。"（梁启超 1927 年 8 月 29 日给孩子们书）

"……我是学问趣味方面极多的人，我之所以不能专职有成者在此，然而我的生活内容，异常丰富，能够永久保持不厌不倦的精神，亦未始不在此……我虽不愿你们学我那泛滥无归的短处，但最少也想你们参采我那烂漫向荣的长处。我这两年来对于我的思成，不知何故常常像有异兆的感觉，怕他会渐渐走入孤峭冷僻一路去。我希望你回来见我时，还我一个三四年前活泼有春气的孩子，我就心满意足了。这种境界，固然关系人格修养之全部，但学业上之熏染陶熔，影响亦非小。因为我们做学问的人，学业便占却全生活之主要部分。学业内容之充实扩大，与生命内容之充实扩大成正比例……这些话许久要和你讲，因为你没有毕业以前，要注重你的专门，不愿你分心，现在机会到了，不能不慎重和你说。你看了这信，意见如何，无论校课如何忙迫，是必要回我一封稍长的信，令我安心。"（梁启超 1927 年 8 月 29 日给孩子们书）

梁启超的教导，对梁思成一生的治学道路，有深刻的影响。1925 年梁思成在宾大学习时，收到父亲寄给他和林徽因一本重新出版的古籍"陶本"《营造法式》。梁启超在扉页上写道：

"李明仲诚卒于宋大观四年即西历 1110 年明仲博闻强记精通小学善书画所著续山海经十卷续同姓名录二卷琵琶录三卷马经三卷六博经三卷大篆说文十卷今皆佚独此营造法式三十六卷岿然尚存其书义例至精图样之完美在古籍中更□□此一千年前有此杰作可为吾族文化之光宠也朱桂莘校印甫竣赠我此本遂以寄思成徽音俾永宝之。

民国十四年十一月十三日任公记"

《营造法式》，是北宋官订的建筑设计、施工的专书。它是中国古籍中最完善的一部建筑技术专著，是研究宋代建筑、研究中国古代建筑的必不可少的参考书。但是，当时梁思成在一阵惊喜之后，随之带来了莫大的失望和苦恼。因为这部漂亮精美的巨著竟如天书一样，无法看得懂。因而，他产生了研究这本巨著，研究中国"建筑发展史"的愿望。当时，中国建筑的技术和它发展的过程，都还是学术界所未注意的。

梁思成、林徽因在宾大毕业后，到费城保罗·克列特事务所（Paul Gret），工作了一个夏天。9月林徽因入耶鲁大学，学习舞台美术，梁思成入哈佛研究生院，准备《中国宫室史》的博士论文及这一研究的副产品——《中国雕塑史》。他在哈佛将所能查阅到的各国学者所发表的关于这个题目的研究报告，作了全面阅读及分析，发现研究工作不能依靠在书本中寻得资料。他必须去实地调查，于是他离开了哈佛大学。

1928年他与林徽因在加拿大渥太华结婚。当时他的姐夫周希哲在加拿大任中国驻加拿大领事，梁启超就把两个孩子的婚事托给长女思顺来操办。婚后他们到欧洲去游历了半年。行前，梁启超对他们的"欧游"，有很具体的计划和指导。"我替你们打算，到英国后折往瑞典、挪威一行，因北欧极有特色，市政亦极严整有新意（新造城市，建筑上最有意思者为南美诸国，可惜力量不能供此游，次则北欧特可观），必须一往。由是入德国，除几个古都市外，莱茵河畔著名堡垒最好能参观一二，回头折入瑞士看些天然之美，再入意大利，多耽搁些日子，把文艺复兴时代的美彻底研究了解。最后便回到法国，在马赛上船，中间最好能腾出点时间和金钱到土耳其一行，看看回教的建筑和艺术，附带着看看土耳其革命后政治。"（梁启超1927年12月18日给孩子们书）

在欧洲他们参观了过去只在书本上看到的古建筑，其兴奋可想而知。他们对之摄影、速写及水彩写生，深刻地领受了西方文化遗产的精华。在参观古建筑之时，他们还注意到了当时正在蓬勃开展的新建筑运动①。与此同时，他们参观了许多博物馆，揣摩研究馆中收藏的中国石刻壁画及其他文物。当他看到西方国家对古建筑的科学整理与保护，看到祖国的大量国宝被盗卖国外时，更坚定了他研究中国古代建筑，振兴民族文化的决心。

1928 年 8 月他们收到梁启超病重的电报，匆匆离欧回国。

美国著名学者费正清（J. K. Fairbank）② 曾这样概括梁思成与林徽因所受的教育："在我们历来结识的人士中，他们是最具有深厚的双重文化修养的，因为他们不仅受过正统的中国古典文化教育，而且在欧洲和美国进行过深入的学习和广泛的旅行。这使他们得以在学贯中西的基础上形成自己的审美兴趣和标准。"

---

① 这里所说的新建筑运动，即现代派建筑，在英语文献中用 Modern Architecture 表示。现代主义建筑思潮发轫于 19 世纪后期，成熟于 20 世纪 20 年代，在 50 ~ 60 年代风行全世界。他们主张摆脱传统建筑形式的束缚，大胆创造适应于人性化社会的条件和要求的崭新建筑，具有鲜明的理性主义和激进主义的色彩。

② 费正清（J. K. Fairbank），美国著名学者，汉学家。曾任美国总统顾问，先后在哈佛大学任教 40 年，1993 年病逝波士顿。他是美国著名历史学家，是研究中国近现代历史的泰斗，号称"头号中国通"。

夫人费慰梅（Wilma Cannon Fairbank）1929 年毕业于哈佛大学 Radclitte 女校美术系。1941 年发表"汉武梁祠建筑原形考"一文。1944 年被吸收为中国营造学社社员。1944 ~ 1947 年任美驻华使馆文化专员。

年轻的主任

　　在梁思成、林徽因回国以前，梁启超已开始为他们的职业前途打算："你们回来的职业，正在向各方面筹划进行，一是东北大学教授，一是清华大学教授……"（梁启超 1928 年 4 月 26 日与思成、徽因书）"思成职业问题，居然已得解决了。清华、东北大学皆请他，两方比较东北为优，因为那边建筑事业前途极有希望……所以我不等他回信，径替他做主辞了清华（清华太舒服，会使人懒于进取）……"（梁启超 1928 年 5 月 13 日与顺儿书）

　　与此同时，基泰工程司①，也通过已在基泰工作的梁思成的高班同学杨廷宝与他们联系，争取他们到基泰工作。当然，当时还有一种可能，由于梁启超不完全了解建筑师这一行业的特点，因此没有考虑到的，就是自己开业。按当时梁启超的社会地位，梁思成他们自己开业是十分有利的。这也是基泰积极争取他们去的

---

　　① 基泰工程司，1920 年创办于天津，1927 年后其总部迁至南京，并在天津、北平、上海、重庆、成都、昆明、香港设分所，1949 年后迁往台湾。据不完全统计，它共设计了 110 多项工程，其建筑类型几乎无所不包，其建筑风格也是百花齐放。基泰是我国北方建立最早后来发展成全国规模最大的一家建筑设计事务所。关颂声是基泰的大老板，第二合伙人是朱彬，第三合伙人是杨廷宝，第四和第五合伙人是杨宽麟和关颂坚，后又发展张镈等四人为初级合伙人。

重要原因。梁思成最终选择了到东北大学去创办建筑系的道路。当他回国途经沈阳时，东北大学工学院院长高惜冰[1]已在车站接他，告以建筑系设置情况，已招了一班学生，却连一个教师也没有，也不知该开些什么课，一切等他回来进行。

当时，年仅 27 岁的梁思成，担起了东北大学建筑系主任的重任，创办了我国北方中国人办的第一个建筑系。与此同时，南京中央大学也设置了建筑系。在东大建筑系开办的第一年，他是系主任，他的夫人林徽因是唯一可以找到的另一位建筑学教师。经过梁思成的努力，次年又请到了童寯、陈植、蔡方荫等，组成了高水平的师资阵容。

在东大的三年，梁思成为我国的建筑教育事业迈出了坚定而重要的一步，成为我国建筑教育的奠基人之一。

梁思成师出美国宾夕法尼亚大学，在创办东大建筑系时，自然是以宾大的教学体制为蓝本。但是，他并不是把在国外所学的一套全盘移植过来。梁思成在美国学习期间，已对当时建筑设计中的折中主义感到不满，当时国内也正处于新旧文化交替的时期，所以他毫不犹豫地打破宾大教学上的一些框框。在建筑设计的教学中，放手让学生们去创作新建筑，并鼓励学生到自己民族的文化遗产中去汲取营养。他除教建筑设计这一主课外，还亲自讲授"建筑史"及"中国雕塑史"等课。至今刘致平[2]对梁、林二师鼓

---

[1] 高惜冰（1893～1984），名介清，辽宁岫岩人。1920 年清华毕业后去美国罗维尔理工学院学习纺织专业，并于 1923 年获博士学位。1927 年任东北大学工学院院长。1930 年任察哈尔省教育厅长，1933 年任新疆建设厅长。抗战后任国民党大本营第四部轻工组组长，1946 年 10 月任辽东省政府主席，1947 年任东北政务委员会主任委员。1949 年去台湾，1973 年迁居美国。1984 年病逝纽约。

[2] 刘致平（1909～1995），字果道，辽宁铁岭人。1928 年入东北大学建筑系，1932 年毕业于中央大学建筑系。1935 年加入中国营造学社先后任法式助理和研究员，1946 年后任清华大学教授和中国建筑科学院历史所研究员。

励他们创作新建筑，及每日辅导学生至深夜才回去休息的情景，记忆犹新。

在这里他安下了他的第一个家，他的第一个孩子（女儿梁再冰）诞生了。

他没有忘记自己要研究中国建筑史的决心，把所有的假期和仅有的一点业余时间，用来揣摩《营造法式》，并于 1930 年下学期即已开始调查测绘沈阳的清代北陵。

1929 年他与林徽因、陈植、蔡方荫合作成立了"梁、林、陈、蔡营造事务所"，曾设计吉林大学总体规划及三栋教学楼宿舍等。在这一处女作中，他尝试着设计用现代结构而保持中国建筑特征的建筑。

1929 年，吉林省省长为在吉林兴办高等教育建造了这组建筑群，由梁陈童蔡（梁思成、陈植、童寯、蔡方荫）事务所名

在东北大学新建教授住房前与友人合影
（坐者左起刘崇乐、傅鹰、陈植、蔡方荫、梁思成、徐宗漱、后立者为陈雪屏）

义设计。楼群由主楼、东楼、西楼三座建筑组成，中间围合成一广场。主楼是礼堂和图书馆，其他两幢为教学楼。现为东北电力学院，保存完好。这几幢建筑功能、结构、形式相统一，符合现代主义建筑的原则，没有用同结构要求相悖的大屋顶，但这三栋建筑的很多细部都采用了中国古典元素的形象（摘自高亦兰《探索中国的新建筑——梁思成早期建筑思想和作品研究引发的思考》一文）。

原吉林大学礼堂外观

原吉林大学教学楼外观

1931年6月他离开东大，同年9月因"九一八事变"，东大停办了。东大建筑系虽然只成立短短的三年，但它却培养出一批像刘致平、刘鸿典①、张镈②、赵正之③等学有成就的建筑学者和大师。

在东大时期与梁思成经常来往的有陈植、童寯、蔡方荫④、刘崇乐、徐宗涑、傅鹰、彭开煦、陈雪屏等留美回国的年轻人。

1929年1月19日梁启超

原吉林大学教学楼立面片断

---

① 刘鸿典（1904～1995），字烈武，辽宁宽甸人。1932年毕业于东北大学建筑系。曾先后在上海市中心建设委员会、上海交通银行、上海浙江兴业银行从事建筑师工作，1941年在上海创办宗美建筑专科学校，1947～1949成立鼎川营造工程司。1949年任东北工学院建筑系教授，1956年后任西安冶金建筑学院首任建筑系主任。

② 张镈（1911～1999），字叔农，山东无棣人。1930年入东北大学建筑系，1934年毕业于中央大学建筑系。1934～1951年在基泰工程司从事建筑设计工作。1940～1946年兼任天津工商学院建筑系教授。1948～1951年主持基泰港九事务所。1951年回京，在北京市建筑设计院任总建筑师至病逝。

③ 赵正之（1906～1962），名法参，字正之，辽宁梨树人。1926～1929在东北大学化学系预科，1929年转建筑系本科，1931～1934年任北平坛庙管理所职员。1934～1937年任中国营造学社绘图员、研究生。1940～1945年任伪满时期北大工学院讲师，1946～1952年先后在北洋大学北平部、北京大学工学院任教授，1952年后任清华大学教授。

④ 蔡方荫（1901～1963），南昌县人。1925年清华毕业后入麻省理工学院学习土木工程，1930年回国，在东北大学及清华大学任教授，1937年再度赴美国考察，1940年回国，创办中正大学工学院任院长。1949年后曾任建筑科学研究院副院长兼总工程师。他在大学讲授结构力学，达20年之久，他的著作《变截面刚构分析》曾获1956年首届中国科学院自然科学奖。

于北平协和医院病逝。

　　1926 年梁启超因便血入北平协和医院医治，诊断为右肾结核，必须切除。但施手术后，发现右肾无病。出院后不久，病情逐渐加重，于 1928 年 11 月又入协和。梁启超去世前"亲嘱家人以其尸身剖验，务求病源之所在，以供医学界之参考。"真实情况是：主治医师把 X 光片看反了，致使左右颠倒，误把健康的右肾切除，留下结核菌坏死的左肾。对这一重大医疗事故，协和医院严加保密。直到 1971 年，梁思成在北京医院住院时才知道父亲真正的死因。

　　解放后，我国医学教材中专门讲了怎样从 X 光片识别左右肾的方法，教材中列举了梁启超这一重大医疗事故。

新的征途

　　朱启钤因发现宋《营造法式》的抄本，两次刊行后，产生了研究中国建筑的兴趣，因而1925年自筹资金成立营造学社。学社就设在北平宝珠子胡同七号朱启钤宅内，成立中国营造学社后于1932年迁到中山公园东朝房。初邀入社的社员大部分是朱启钤过去的幕僚，一些国学家。1930年朱启钤向支配美国退还庚款的"中华教育文化基金董事会（中基会）"申请补助，"中基会"董事之一周贻春（梁思成初入清华时的校长，与朱共同创建营造学社）认为，营造学社缺少现代建筑学科的专门人才，担心庚款补助取不到成果，又由于他曾从梁启超处得知梁思成有研究中国建筑的志向，因而到沈阳来动员梁思成到营造学社来。最初，梁思成颇为踌躇，因为他一方面舍不得东大刚刚办起来的事业，另一方面对朱启钤曾为袁世凯称帝筹备大典一事感到十分不快，不愿轻率与他合作（后来证明他们合作得很好），但周贻春的多次说服终于使他动摇了。最后迫使他下决心离开东大，还有两个重要原因，一是东北局势的不稳定，日本侵略军已剑拔弩张，东大的前途岌岌可危。另一个近因是校长张学良认为学生闹学运是一些教授们在后边鼓动的，所以扬言要枪毙他们。这事虽与梁思成无直接关系，但他对此事极为气愤，遂坚决辞职。于1931年9月到营造学社工作。

1932年8月梁思成的第二个孩子（儿子梁从诫）出生了。

在北平北总布胡同3号，他安置了自己的第二个家，这里有恬静的四合院，古香古色的起居室，舒适的书房，但他没有留恋这安乐的物质生活，又开始了新的征途。

我国历代，自实行科举制以来，封建士大夫阶级对文化的传统观念局限于文人学士的诗、文、书、画，而对铜铁冶铸、建筑、

梁思成（左一）、林徽因（左二）带领中大学生去独乐寺途中

纺织等视为"匠作之事",对其他各种工艺技术则视为"雕虫小技"。特别是明清以来,所谓学者们的学术研究,也就仅仅是到浩瀚的古籍中去考据,或寻找考证。这也是营造学社初成立时所走的研究道路。

梁思成立志要将所学的欧美建筑学知识,及研究建筑史的方法应用于中国。这个思想及研究方法在他的第一篇古建调查报告——《蓟县独乐寺山门考》中说得十分清楚:"近代学者治学之道,首重证据,以实物为理论之后盾,俗谚所谓'百闻不如一见',适合科学方法。艺术之鉴赏,就造型美术言,尤须重'见'。读跋千篇,不如得原画一瞥,义固至显。秉斯旨以研究建筑,始庶几得其门经。"

"我国古代建筑,征之文献,所见颇多,《周礼考工》、《阿房宫赋》、《两都两京》,以至《洛阳伽蓝记》等等,固记载详尽,然吾侪所得,则隐约之印象,及美丽之辞藻,调谐之音节耳。明

1937 年在山西寻找佛光寺途中,已走近佛光寺

佛光寺大殿

清学者，虽有较专门之著述，
如萧氏《元故宫遗录》，及类书
中宫室建置之辑录，然亦不过
无数殿宇名称，修广尺寸，及
'东西南北'等字，以标示其位
置，盖皆'闻'之属也。读者
虽读破万卷，于建筑物之真正
印象，绝不能有所得，犹熟诵
《史记》'隆准而龙颜，美须髯；
左股有七十二黑子'，遇刘邦于
途，而不识之也。"

　　"造型美术之研究，尤重斯

1937年6月梁思成于佛光寺大殿内拍照

旨，故研究古建筑，非作遗物之实地调查测绘不可。"（摘自《梁思成文集》（一））

从此他为收集中国建筑资料的工作开辟了新的途径。争取实地调查，测量古代建筑物的全部及细部，用照相及写生方法记录下来，这是中国人用科学的方法，从实物中研究中国建筑的开始。

梁思成还认为了解古代应由近及远，要研究宋《法式》应从清工部《工程做法》开始，要读懂这些巨著应求教于本行业的老匠师，要以北京故宫和其他古建筑为教材。于是他首先拜老木匠相文起，老彩画匠祖鹤州两位老师傅为师。到1932年他基本把清工部《工程做法》弄懂了，并把学习心得写了一本《清式营造则例》（于1934年出版）。它不是清《工程做法》的注释，仅仅是他学习《工程做法》的心得。1945年梁思成回顾这一工作时说："我曾将《工程做法则例》的原则编成教科书性质的《清式营造则例》一部……十余年来发现当时错误之处颇多，将来再版时，当予以改正。"可惜梁思成没有得到"再版时改正"的机会。

梁思成认为我国自"项羽引兵西屠咸阳，烧秦宫室，火三月不灭……楚人一炬，非但秦宫无遗，后世每当易朝之际，故意破坏前代宫室之恶习亦以此为嚆矢。"所以在大城市中是绝找不到古建筑的，唯一可能的是在偏僻的地区保留有古代的宗教建筑。至1932年他已根据地方志的记载，为他的野外调查作了初步计划和准备。自1932年起他组织调查队每年两次出发到各省市县去探寻中国建筑的实例，林徽因虽然体弱，但仍尽可能参加调查工作。

他第一次的野外调查即有重要的发现——河北蓟县独乐寺，是当时所发现的最古的木构建筑实物。尔后发现的正定隆兴寺，宝坻广济寺，赵州大石桥，大同善化寺、华严寺，应县木塔，五台山佛光寺等等都在中国建筑史中占有重要的地位。

20 世纪 30 年代我国的交通还非常落后，他们乘的所谓公共汽车，几乎是没有窗子的闷罐车，而且拥挤不堪，最糟糕的是一路不停的抛锚，经常是乘客推车而不是坐车。他们常用的交通工具是木轮的马车，或骑驴骑马前往。从大同到应县不过 90 里，现在不到两小时即可到达，而当时他们天不亮就骑上毛驴出发，直到天已将黑才看到远处隐约的塔尖。他们从五台县到佛光寺整整走了两天，骑着驴萦回环绕于崎岖的山崖小道上，有时连毛驴都喘着气再也不肯走了，他们只好拉着毛驴前进。坡陡路狭稍不留神就有堕下崖谷的危险。

当年随同梁思成一起调查古建筑的莫宗江①，终生难忘和梁思成从太原到西安的一段旅途。他们坐在铁皮的货车厢里（因为尚没有客车），夜间遇到骤然袭来的寒流，他们冻得牙齿打战，只好把报纸夹在毛毯中裹在身上。这样可以不透风，有利保暖，但仍是冻得整夜不能入睡。

他们住宿的地方也只能是小客栈和寺庙，与虱子为伍是常事。他们去大同调查时，认为大同是有名的古城，条件不会太差，然而跑遍全城竟没有一个旅店可以下榻，实在是脏得无法忍受。正当他们徘徊街头时，忽然遇到梁思成当年留美的同学，他是大同火车站站长，因而把他们接到自己家去住。

在洛阳龙门考察时，夜晚支上行军床后不久，发现落上一层黑沙子，急忙掸去后，又落上一层，如此数次后仔细一看原来是成千上万的跳蚤。这支跳蚤大军不但和他们联欢了一夜，而且一直护送他们回到北平。

---

① 莫宗江（1916～1999），广东新会人，因家境贫寒，中学未毕业，流落北平，1931 年加入中国营造学社，给梁先生当助手，1935 年始任学社研究生。曾随同梁先生到山西、河北、山东等地调查测绘古建筑。抗战期间，在西南地区考察 40 余县的古代建筑并参加王建墓的发掘工作。抗战后，在清华大学任讲师、副教授、教授。

1937 年 6 月林徽因在佛光寺测绘经幢　　　　佛光寺大殿

　　莫宗江回忆当年的野外调查时说，那几年给他的印象最深刻的是祖国的极端贫穷与落后。在雁北地区眼睁睁地看着十五六岁的大姑娘没有裤子穿。他们拿着比实物价格高十几倍的钱，求老乡给做一顿饭吃而不能，因为那里穷得连一粒商品粮都没有，再多的钱也买不到粮食，农民只有堆在屋角的一点小土豆，这是他们全家的口粮，给别人吃了，自己就得挨饿。在雁北不管走到哪里，只要一停下来，同行的纪玉堂就得立刻奔出去设法找吃的。他真是一个神通广大的人，但再大的神通，他能搞到的最丰盛的饭食，就是一钵黑糊糊说不清是什么做的面条。

　　除了这些生活上的艰苦外，在工作中又是另一番情景。在测绘应县木塔时，为了登上塔顶拍照，梁思成手握铁索两脚悬空地攀上。那时天气寒冷，铁索更是凛冽刺骨，望而生畏。当调查佛光寺时，在"摄影之中蝙蝠见光振翼惊飞，秽气难耐，工作至苦，同人等晨昏攀跻，或佝偻入顶内，与蝙蝠壁虱为伍，或登殿中构梁俯仰细量，探索唯恐不周……"（引自梁思成"记山西五台山佛光寺建筑"，载《中国营造学社汇刊》七卷一期，1944年10月）一次当他们正要上马出发时，梁思成不慎从马后走过，被马狠踢一脚。他当即倒下紧闭双眼，大粒的汗珠从头上落下，大家都以为走不成了，没想到他挣扎着起来，瘸着腿爬上马背按时出发了。对于梁、林两位出身名门的世家子弟，能够以这样忘我的精神投身到事业中去，可见他们对祖国文化的极端热爱。他们这种忘我的工作精神也是感人至深的。这种辛苦当他们有所发现"惊诧，如获至宝"时，当然不去理会，然而当历尽千辛万苦到头来，只找到一片废墟，或只是一座清末重建的寺庙时，那失望的苦涩又有谁能安慰。

然而在这一次又一次的失败中也使他更加聪明起来，如应县的木塔，虽在历代方志上言之凿凿，然而他仍然不敢轻易翻山越岭前往。于是他写了一封信，封面写"应县最大的照相馆收"，信中附上一元钱，请求照相馆代为拍摄一张应县木塔的照片。果然不久收到了应县唯一的照相馆的回信，寄来了一张木塔的照片，梁思成当即决定出发到应县去，测绘了这座我国现存最高的木构古建筑。

尽管他们跑了许多地区，有了不少重要发现，但是最早的木构实物仍是初期调查的蓟县独乐寺和正定文庙。但是，在云冈、龙门的早期石窟中已可清晰地看到魏晋南北朝时的殿堂的台基、柱、阑额、斗栱、屋顶、门龛、勾栏、踏步、藻井等等。他坚信一定能找到唐代的木构建筑实物。

五台山是中国四大佛教圣地之一，《清凉山志》中记载这里古刹林立，有创建于两汉者。但是志中也有不少皇帝敕建的记载，特别是在这块佛教圣地，那些善男信女的功德主们重修殿宇就更比比皆是。《敦煌图录》中五台山图里的佛光寺始终萦回在他心头。根据《清凉山志》中记载，佛光寺地处台外，梁思成认为佛光寺可能"因地占外围，寺刹散远，交通不便，故祈福进香者足迹罕至。香火冷落，寺僧贫苦，则修装困难，似较适宜古建筑之保存"。于是他毅然决定前往。他们"到五台县后不入台怀折而北行，迳趋南台外围。"终于在豆村附近找到了佛光寺。"瞻仰大殿，咨嗟惊喜。国内殿宇尚有唐构之信念一旦于此得一实证。"

"佛光寺正殿魁伟整饬，为唐大中原物。除建筑形制特点历历可征外，梁间尚有唐代墨迹题名，可资考证。佛殿施主为一妇人，其名书于梁下，又见于阶前石幢，幢之建立则在大中十一年（公元857年）。殿内尚存唐代塑像三十余尊，唐壁画一小横幅，宋壁画数区。此不但为本社多年来实地踏查所得之唯一唐代木构殿宇，实亦国内古建筑之第一瑰宝。"

1932～1933年是梁先生十分繁忙的一年，刚刚脱稿《清式营造则例》一书，又不停顿地到各地调查测绘古建筑，发现了重要的古代建筑，如独乐寺山门及观音阁、宝坻广济寺，1933年又发现大同许多辽代的重要建筑。就在这时期，他还应朋友之邀完成了北京仁立地毯公司在王府井97号铺面的改造设计（现已拆除）。

这座三层小楼改造后，一层东面是橱窗，西面是相连接的东西两个陈列厅；二楼为会客室、经理室；三层是库房。

这座平顶小楼的西、南、北三面均有房屋。主要立面是临街的东面。东立面外墙面用石、假石、磨砖建造。立面上用了传统的建筑符号，如柱上硕大的唐代斗拱，两柱头间的唐代人字拱等。

别看它仅是一间铺面的改造设计，却体现了那时梁先生"以西洋物质文明发扬我国固有文艺之真精神"，"融合东西建筑之特长以发扬吾国建筑物之固有色彩"这种理念。

　　写到这建筑物之固有色彩这句话，使我不由得想起整栋建筑的彩画都是由林徽因先生亲自带领工人画的，每一处彩画都由她先画一部分示范，再由工人接着画。如果效果不好，则另配色重画。仁立公司的老职工桑凌治先生回忆说，当时林徽因先生看上去是那么年轻、美丽、时髦的纤纤女子，穿着旗袍，高跟鞋，却在脚手架上，上下自如。还有她那托着油彩碗的手，一看就知道是个行家，她那一举一动，简直是不可思议，把彩画师傅都给惊呆了。他们哪里知道，林先生的这身功夫，正是她在美国耶鲁大学帕克工作室研习了一年舞台美术练就出来的。

　　梁思成1935年还在北京设计过北京大学女生宿舍，现名沙滩北街22号老灰楼。这幢建筑是由中国建筑师设计的体现现代主义建筑风格的早期重要作品之一，它所注重的是功能合理，建筑形式已成为内部功能的自然反映。

仁立公司外景

仁立公司夜景

　　建筑呈匚形布局，北翼和西翼为三层，南翼四层。东端敞开，形成三合院落。整幢建筑分成八个大的居住单元。每个居住单元设有楼梯，各单元每层用内走廊连系各居室，端部设有公共厕所和水房。各单元每层约有 6~8 间居室，整幢建筑约有 112 间居室。居室标准面积为 7m²，内有壁橱。各居住单元大门多朝向内院。

　　建筑立面相当简洁，没有任何附加的装饰物，仅在顶层窗间墙的砌筑方法上稍有变化，主入口采用券洞。为砖混结构，墙体使用灰砖。外立面一层窗下墙用水刷石。屋顶为可上人的平屋顶（摘自吕舟执笔《实测报告：北京大学女生宿舍》）。

　　从 1930 年至 1945 年结束，中国营造学社在 15 年间调查研究了 190 个县、2738 处古代建筑，他到现场测绘、摄影，参考大量文献整理出详尽的有科学分析的调查报告，绘制出精湛的建筑图。其中有许多建筑是初次被认识，被发现鉴定的，它们的历史

北大女生宿舍

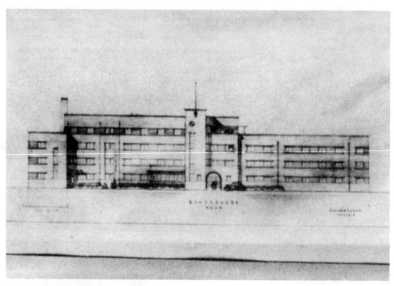

北大女生宿舍南立面

及艺术价值也是初次被认识、被发现鉴定的，也是初次被介绍到学术界、艺术界的。

他是第一个用现代方法研究中国古代建筑的学者，开拓了中国建筑史的研究道路。

大约在1932年他接受了国民政府中央研究院历史语言研究所通讯研究员的聘约，并接受历史语言所委托，测绘故宫，此外，还接受了调查浙江宣平县元代建筑延福寺的任务。可惜因抗日战争爆发，故宫的测绘工作没有完成。

这期间梁思成发表了重要的调查报告及学术论文几十篇（还有两篇已完成尚未发表的重要调查报告，即《山西应县佛宫寺迈释迦木塔调查报告》①、《山西太原晋祠古建筑调查报告》。当时已送印刷厂付印，也因七七事变，印刷厂停业，连稿子也被厂方丢失了），完成一部专著《清式营造则例》，主编了十集《建筑设计参考图集》，还用英文撰写了多篇论文在国外发表。梁思成研究古建筑立足于振兴民族的文化，他在《建筑设计参考图集》序中阐述了世界各体系建筑风格之形成与相互影响，及中国近百年建筑存在的问题。他希望新一代的建筑师认真了解中国传统建筑，共同努力为中国创造新建筑，不要落入模仿抄袭之路。他自己也作了这方面的尝试，坐落在北京王府井大街的仁立地毯公司和北京大学地质馆及女生宿舍楼便是这时期的作品。仁立公司是在新建筑上运用权衡比例，及中国建筑的词汇来体现民族风格。他在担任南京中央博物院的建筑设计顾问时，建议主持设计的建筑师李惠伯用典型的辽代建筑外形，在内部改革成新的内容，并企图使外

---

① 2006年4月，文化部文物研究所刘志雄先生在繁多的文献中，清查到尚珍藏在文研所的应县木塔的誊写稿，正是当年送印刷厂的稿件。在中国建筑工业出版社刘爱灵女士的积极配合下，将该文整理编入《梁思成全集》第十卷，于2007年9月出版。

形与内容取得统一，以另一种形式对建筑的民族风格作了探讨。

在北平营造学社时期，与梁、林二人经常来往的人除了学社同仁外；还有金岳霖①、张奚若②夫妇、陶孟和③夫妇、钱端升夫妇④。美国学者费正清（J. K. Fairbank）夫妇也在这个时期和他们认识并结成了好朋友。此外还有邓以蛰⑤、陈岱荪⑥、叶公超⑦、傅斯年⑧、李济⑨、董作宾⑩等，及林徽因的一些作家朋友沈从

---

① 金岳霖（1895～1984），长沙人，1914年清华毕业后留学美国，1919年获美国哥伦比亚大学博士学位，1926～1952年任清华文学院院长、哲学系主任，后任社科院哲学所副所长、研究员，当选为中科院学部委员。

② 张奚若（1899～1973），陕西朝邑人。早年参加同盟会，曾任清华大学、中央大学、西南联大教授，与胡适组织现代评论社。解放后，曾任政务院政法委副主任、教育部部长、对外文委主任。

③ 陶孟和（1887～1960），天津人，1906～1910年在东京高等师范学校学习历史和地理。1910年赴英国学社会学和经济学，并获经济学博士学位。1914～1927年任北大教授、系主任、文学院长、教务长等。曾担任《新青年》杂志编辑。解放后曾任中科院副院长。

④ 钱端升（1900～1990），1919年清华毕业，1923年获美国哈佛大学哲学博士学位，1924～1952年任清华大学、西南联大、北京大学教授。1949年后任北大法学院院长，北京政法学院院长。

⑤ 邓以蛰（1892～1973），美学家，美术史学家，曾任清华大学哲学系教授。

⑥ 陈岱荪（1900～?），福建闽侯人，清华毕业后赴美留学，1924年获美国哈佛大学硕士学位，1926年获博士学位。历任清华大学、西南联大经济系教授、主任。

⑦ 叶公超（1904～1981），原名崇智，广东番禺人。1920年赴美留学，1926年获哈佛大学硕士学位，同年又获剑桥文学硕士。曾任济南大学、清华大学、北京大学教授、外交部次长。1949～1952年任台湾"外交部部长"、驻美"大使"等。

⑧ 傅斯年（1896～1950），字孟真，山东聊城人。五四运动时担任游行总指挥。曾赴英国、德国留学。曾任中央研究院历史语言所所长。抗战胜利后，一度代理北京大学校长，1949年去台湾，任台大校长，1950年病逝台北。

⑨ 李济（1896～1979），湖北钟祥人。1918年清华毕业后曾在美国克拉克大学学习心理学社会学，1920年入哈佛人类学专业，1923年获博士学位，回国后任教南开大学、清华大学，1929年任历史语言所考古组主任，主持安阳殷墟发掘工作。1948年当选中央研究院院士，1948年底去台湾，担任台大教授，主办考古人类学系。

⑩ 董作宾（1895～1963），字彦堂，号平庐，河南南阳人。著名甲骨文专家，考古学家。1925年毕业于北京大学国学研究院，获硕士学位。最早参加殷墟发掘工作，前后历时10年。1940年代曾任中央研究院院士、副院长。抗战胜利后，相继任美国芝加哥大学研究员、博导、台大及港大教授。1963年病逝台湾。

文①、徐志摩②、卞之琳③、何其芳④、陈梦家⑤等。在政治上梁思成十分谨慎，在设计仁立公司时，仁立的经理凌其峻打电话祝贺他说扶轮社已通过他为社员，他当即在电话中婉言谢绝了。

1933 年梁思成、林徽因与费慰梅合影

① 沈从文（1903～1988），湖南凤凰人，1924 年开始发表文学作品，曾编辑《京报》、《大公报》、《益世报》副刊并任青岛大学、西南联大、北大教授，1949 年后任职于中国历史博物馆，后任历史所研究员。发表过大量文学作品。

② 徐志摩（1897～1931），浙江海宁人。他是现代诗人，散文家，新月派代表诗人。曾先后就读于沪江大学、北洋大学、北京大学，1918 年赴美国学银行学，1921 年赴英国剑桥大学当特别生，研究政治学。

③ 卞之琳（1910～2000），江苏海门人。诗人，文学评论家，1933 年毕业于北大英文系。解放后曾任北大西语系教授，文学所研究员。

④ 何其芳（1912～1977），现代散文家、诗人、文艺评论家。1931～1935 年就读于北大哲学系。1938 年在延安鲁艺任教，并任文学系主任。解放后，曾任中国作协书记处书记，文学所所长。出版有六卷集《何其芳文集》。

⑤ 陈梦家（1911～1966），南京人，现代古文字学家、考古学家。

苦难岁月

正当梁思成与学社同仁们对古建筑的调查工作，取得了一个又一个的丰硕成果之时；正当他们的研究工作将进一步取得辉煌的成就之时，正当梁思成、林徽因沉浸在发现唐代木构建筑的喜悦之中时，日本帝国主义发动了侵华战争。他们离开五台山后，于1937年7月12日行至代县时才得知七七事变的消息。他们辗转回到北平后的第一件事，就是保护学社的这批珍贵的调查资料，不使落入侵略者手中。他与朱启钤、刘敦桢共同商定，把这批宝贵的资料存入天津英租界的英资麦加利银行保险库中。不幸的是，这些资料后来却在天津的一次大水灾中全部被大水浸泡毁坏了。

当梁思成同清华、北大的教授们一起在要求政府抗日的呼吁书上签字后不久，北平沦陷了。1937年8月，营造学社只得暂时解散。梁思成忽然收到了日方主办的"东亚共荣协会"的请柬，邀请他出席会议。如果不接受这个邀请，其后果是清楚的。不与侵略者同流合污，必定遭受迫害。他于第二日扶老携幼只带了少数随身衣物便离开了他热爱的古都。

他们离开北平后，在长沙做了短暂的停留，于1938年1月到达昆明。在旅途中，林徽因患于一场危险的肺炎，这次艰苦的长途跋涉，永远夺去了林徽因的健康。1936年时，梁思成开始患脊椎软组织硬化症，为防止疼痛引起驼背，医生为他设计了一件铁架背心穿在身上。由于旅途劳累，到昆明后他得了严重的关节炎与肌肉痉挛，同时脊椎的毛病也恶化了。由于背痛得厉害，不能平卧床上，只得终日倚在一张帆布椅上。这时美国一些大学和博物馆想聘请他到美国工作，如去美国，他和林徽因的病无疑都会得到很好的治疗，但他回答说："我的祖国正在灾难中，我不能离开它，哪怕仅仅是暂时的。"

不久，营造学社部分工作人员刘敦桢、刘致平、莫宗江和陈明达也都来到了昆明。梁思成函中美庚款基金会负责人周贻春问：如果在昆明恢复营造学社的工作，能否给予补助，周回信说只要梁思成、刘敦桢在一起，就承认是营造学社，并给予补助。于是营造学社的工作又在昆明恢复了。由于社长朱启钤留在北平，因此只好由梁思成代理社长工作。为了利用中央研究院历史语言所的图书资料，学社从昆明市内迁到历史语言所所在地——龙头村（昆明北郊）。

1938年8月西南联大聘请梁思成、林徽因为校舍顾问。

1939年，在十分困难的情况下，梁思成又带领一支队伍对我国大西南进行了实地调查。这是他（也是学社）最后的一次野外调查。在七卷一期《营造学社汇刊》复刊词中说："在抗战期间，我们在物质方面日见困苦，仅在捉襟见肘的情形下，于西南后方做了一点实地调查。但我们所曾调查过的云南昆明至大理间十余县，四川嘉陵江流域、岷江流域，及川陕公路沿线约三十余县，以及西康之雅安、芦山二县，其中关于中国建筑工程及艺术特征亦不乏富于趣味及价值的实物。就建筑类别论：我们所研究的有寺观、衙署、会馆、祠、庙、城堡、桥梁、民居、庭园、碑碣、牌坊、塔、幢、墓阙、崖墓、券墓等。就建筑艺术方面言：西南地偏一隅，每一实物，除其时代特征外，尚有其地方传统特征，值得注意。此外如雕塑、摩崖造像、壁画等'附艺'，在我们调查范围者，多反映时代及地方艺术之水准及手法，亦颇多有趣味之实例，值得搜集研究。"

1939年底营造学社随历史语言所迁往四川南溪李庄。到李庄后林徽因的肺结核严重恶化，经常高烧40度不退。从此她就再也没有离开过病榻。

"庚款"的来源是关税。1937年后，沿海各省市相继为日军占领，至1940年"庚款"来源断绝，因此对营造学社的补助也就停止了。自1940年起梁思成每年都要为筹措学社的经费，到重庆去求乞教育部或财政部。同时学社滋长了对历史语言所的依赖性。他们除了使用历史语言所的图书资料外，学社几个主要成员的薪金，由傅斯年、李济（兼中央博物院筹务处主任）等安排，分别编入历史语言所和中博筹备处编制内。由于林徽因的病，常常要购买昂贵的药品，加上飞涨的物价，他们常常要靠卖衣物度日，林徽因的一点特殊营养品"奶粉"被视如"金粉"。李庄连最起码的医疗条件都没有，林徽因服用的药必须跑到宜宾甚至重庆才能买到。为了照顾好病弱的妻子，为改善饮食条件，梁思成一人担负着护士、厨师和学社社长的角色，他学会了给病人注射，蒸馒头，用四川廉价的广柑和土制红糖做果酱、腌咸菜等家务事。他的小儿子梁从诫整年光脚穿着草鞋，只有到了冬季天气最冷时，才能穿上外婆做的布鞋。这时期梁思成的背痛又严重地发作了，还引起了牙周炎，于是他不得不拔掉全部牙齿。李庄的夏季潮湿炎热难耐，他们在绘图时稍一不慎，大滴的汗珠就落在硫酸纸上，至使前功尽弃。他必须画一两笔就停下来擦去手臂上和头上的汗水。到了冬季就更难熬了，患有严重肺结核的林徽因，再也经受不起伤风感冒和咳嗽了。每当他看着妻子痛苦地挣扎着，气息奄奄，生命垂危时，多少次他在心底呼喊着："神明啊！假使你真的存在，请把我的生命给她吧！"

费正清先生回忆说："二次大战中，我们又在中国的西部重逢，他们都已成了半残的病人，却仍在不顾一切地，在极端艰苦的条件下致力于学术。在我们的心目中，他们是不畏困难、献身科学的崇高典范。"

1942年他接受国立编译馆的委托编写一部《中国建筑史》，于1943年完成，现已收入《梁思成文集》（三）。这是我国第一部建筑史（解放后于1955年曾作为"高教部交流讲义"油印出版）。这时林徽因已重病卧床多年，但她仍挣扎着逐字逐句校阅，补充《中国建筑史》的稿子，还负责辽宋的文献收集，她是用自己的生命，写下了中国建筑史的一页。

1944年在人力物力极端困难的情况下，梁思成坚决发动全体同仁亲自动手出版了七卷一、二两期学社汇刊，当时只有土制的毛边纸和简陋的石板印刷。照片不能制版，就画大量的透视图来代替。从制版、印刷，到装订、发行都是全体同仁一齐动手。这两本外表简陋、粗糙的出版物，在学术上却达到了很高水平。我国发现的第一座唐代木构建筑——山西五台山佛光寺调查报告，就刊载在这上面。

1944年他又为外国读者用英文写了一部《图像中国建筑史》(The Pictioral History of Chinese Architecture)。1946年梁思成将它带到美国准备出版，但因一时找不到出版人，他突然接到林徽因病重需住院手术的电报，匆匆回国，就把其中图稿和照片留在费正清处。1948年留英学生刘某，为写毕业论文，来信请求梁思成帮助，给她提供一些中国古建筑方面的资料。虽然梁思成与这位留英学生素昧平生，他还是热情地函告费正清，请他将图稿照片寄给刘。因为当时北平已经解放，所以他嘱刘用毕将资料交中国驻英代办处。但刘用毕未交还原稿。直到1978年费正清夫人（Wilma Fairbank）访问清华大学建筑系时，才得知这份稿子竟丢失30年了。在费夫人的努力下终于在新加坡找到了刘某，并索回原稿。1980年后费夫人又为整理出版该书付出了3年多的时光及辛勤的工作，并为此数次访华。在林洙、傅熹年、孙增蕃等同志的协助下，及美国施乐公司沈坚白夫妇等人的资助下，终于在1984年由美国M. I. T. 出版社出版。该书还获得1984年美国建筑书刊出版奖。此书中英文版也于1991年由中国建筑工业出版社出版。

约在1940年前后梁思成认为已具备了系统整理《营造法式》的条件。在1940年以前主要是对版本、文字的校勘，1940年以后进入到诸作制度的具体理解，他在《营造法式注释》中说："总而言之，我打算做的是一项'翻译'工作——把难懂的古文翻译成语体文，把难懂的词句、术语、名词加以注解，把古代不准确、不易看清楚的图样'翻译'成现代通用的'工程画'；此外，有些《法式》文字虽写得足够清楚具体而没有图，因而对初读的人带来困难的东西或制度，也酌量予以补充；有些难以用图完全表达的，例如某些雕饰纹样的宋代风格，则尽可能用适当的实物予以说明。"

"从1939年到1945年抗战胜利止，在李庄我的研究工作仍在断断续续地进行着，并有莫宗江同志参加绘图工作。我们完成了'壕寨制度'，'石作制度'和'大木作制度'部分图样。"

在抗日战争后期，刘敦桢①、陈明达②等同志已于1943年先后离开了学社，营造学社因为缺少固定经费来源，已经很难维持下去了。

长期在祖国大地进行调查，使他对自己民族文化的优秀遗产有了更深的认识，并以此自豪。另一方面使他有很多机会接近广大的人民群众。抗日战争以前，在山西雁北地区的调查使他痛切地体会到国家的落后与贫穷。在四川调查时，他一方面看到吸毒、贩卖人口等，感受到人民所受的深重灾难。同时，他又为劳动者的乐观精神所深深感动。他曾热情地出示给朋友们看他在旅途中收集的民间谚语和歌谣，林徽因曾想把它编成一本《滑杆曲》，因为多是抬滑杆的轿夫们，一前一后，一个一句对唱对答的歌谣。这时他热爱的祖国已不是仅仅具有悠久的文化遗产的古国，而是有千千万万苦难深重的同胞们。他把深深的同情寄予人民。

他敏锐的目光开始转向社会，注意到国际建筑思潮的新动向，注意到广大人民的居住问题。考虑到战后的城市建设，1945年他发表了"市镇的体形秩序"一文，介绍了欧美都市发展中产生的弊病。"我们要提出'一人一床'的口号。现在中国有四万万五

---

① 刘敦桢（1897～1968），字士能，湖南新宁人。1913年留学日本，1921年毕业于东京高等工业学校建筑科。1923年在苏州工专建立建筑学学科，并任教于该校。后在中央大学任教至1932年。1932年任中国营造学社文献部主任。1943年复任中央大学教授，1944～1949年任建筑系主任，1945～1947年任工学院院长。解放后，一直在南京工学院任教授、系主任。1955年当选中科院学部委员。他是中国古建筑研究和建筑教育的奠基人，毕生致力于研究中国古建筑。他的主要著作有《中国住宅概论》、《苏州古典园林》、《中国古代建筑史》等。近年，出版了《刘敦桢全集》，共10卷。

② 陈明达（1914～1997），湖南祁阳人。1932年加入中国营造学社，担任刘敦桢的助手，主要是帮助刘查找文献，随同考察测绘。1935年提升为研究生，抗战期间在西南从事古建筑及古墓发掘测绘工作。1943～1947年任职于培都建委西南工程局，1953年调文物局，1960年调文物出版社，1971年调建研院历史所。

1947 年在美国纽约与世界著名建筑师共同讨论联合国大厦设计方案，（左二柯布西耶，左四梁思成，左五尼迈耶）

千万人，试问其有多少张床?" 呼吁每个城市应设置计划机构，并尽快培养规划人才。在国内他是第一个提出"体形环境"理论及如何实施的人。

1945 年，他为了迎接抗日战争的战略反攻，编写了一份《敌占区文物建筑表》，并在地图上作出非轰炸区的标记，他还将这一资料送一份给当时在重庆的周恩来。

1948 年，他专门写了"北平文物必须整理与保存"一文，较全面地阐述了保护建筑文物的意义、必要及可能。

清华建筑系的诞生

抗日战争胜利前夕，梁思成深感"战后复兴焦土之艰巨工作"，看到"英苏等国，战争初发，破坏方始，即已着手战后复兴计划。反观我国，不惟计划全无，且人才尤为缺少。而我国情形，更因正在工业化之程序中，社会经济环境变动剧烈，乃至在技术及建筑材料方面，亦均具有其所独有之问题。工作艰巨，倍蓰英苏，所需人才，当以万计"。他认为"为适应此急需计，我国各大学实宜早日添授建筑课程，为国家造就建设人才，今后数十年间，全国人民居室及都市之改进，生活水准之提高，实有待于此辈人才之养成也"（梁思成1945年3月9日致梅贻琦书）。为此他上书母校梅贻琦校长建议清华大学设立建筑系，他的建议被梅贻琦采纳。1946年清华大学建筑系诞生了，梁思成被任命为系主任，他申请赴美考察"战后美国的现代建筑教育"的计划亦被批准。与此同时，他接受了美国耶鲁大学的聘请，请他去讲授中国美术史（内容包括建筑篇及雕塑篇两部分）。

1947年，美国普林斯顿大学因他在中国建筑研究上的贡献，授予他名誉文学博士学位。

1947年2月，当时的中国政府外交部派他为联合国大厦设计顾问团的中国顾问，参加了联合国大厦设计方案的讨论。在联合国大厦设计顾问团中，云集了很多"现代建筑"的权威人物，最有名的有法国人勒·柯布西耶（Le. Corbusier）①、巴西人尼迈耶（O. Niemeyer）② 等大师。在这里梁思成得到了与这些大师们讨论建筑理论，及建筑教育问题的机会。同时他还访问了赖特（F. L. Wright）③、格罗皮乌斯（Gropius）④、沙里宁（E. Saarin-

---

① 勒·柯布西耶（Le. Corbusier, 1887~1965），生于瑞士，早年学过雕刻，青年时游历欧洲，调研考察建筑。第一次世界大战前曾在建筑师事务所工作，1917 年移居法国并改用笔名柯布西耶，1930 年入法国籍。1928 年与格罗皮乌斯和密斯·凡·德·罗组织国际现代建筑联盟，他是现代主义建筑的主要倡导人。

他提出新建筑的五大特色：a. 底层采用独立支柱；b. 屋顶花园；c. 自由的平面；d. 横向长窗；e. 自由的立面。他的设计作品，著名的有：萨伏伊别墅、巴黎大学瑞士学生宿舍、马赛公寓大厦、朗香教堂等。他提出一整套城市规划原则，并在印度昌迪加尔规划中实现。

1965 年病逝于美国。

② 尼迈耶（O. Niemeyer, 1907~?）生于巴西里约热内卢，是巴西现代建筑师。1934 年毕业于里约热内卢大学建筑系，1937 年开办建筑设计事务所。他的著名设计作品有巴西教育卫生部大厦、新都巴西利亚的三权广场、总统府、巴西议会大厦、大教堂等。1956~1961 年参加新都的规划建设工作。他的作品既有现代主义建筑的形象，又是强烈的个人风格——曲线体形。

③ 赖特（F. L. Wright, 1867~1959）。曾在威斯康星大学攻读土木工程，成绩平平，未毕业即离校去芝加哥进入建筑界，1893 年创立建筑师事务所。一生中共设计800 余项工程，实现 400 项。他设计的作品中，绝大部分是住宅，著名的有罗比住宅、东塔里埃森住宅、"草原住宅"、流水别墅。他提出广亩城市观点，即带有田园风味的城市。他还提出有机建筑理论，所谓"有机的，指的是统一体，也许用完整的或本质的更好些。"他认为，土生土长是所有真正艺术和文化的必要的领域。他曾于 1918 年访华，并推崇老子。

④ 格罗皮乌斯（Gropius, 1883~1969）。原籍德国，1903~1907 年就读于慕尼黑工学院和柏林夏洛滕堡工学院。1910~1914 年自己开业。1915 年开始在魏玛实用美术学校任教，1919 年任校长，将实用美术学校与魏玛美术学院合并为公立包豪斯学校，1934 年赴美，1937 年到美国定居，任哈佛大学建筑系教授、主任。他提倡建筑设计与工艺统一，艺术与技术结合，讲求功能、技术与经济效益。他极力主张把光线引入建筑，保证阳光与通风。他对建筑功能的重视还表现在按空间用途、性质、相互关系合理组织布局，按人的生理要求、人体尺度来确定空间的最小极限。格罗皮乌斯力主用机械化大量生产建筑构件和预制装配式建筑，他提出一整套关于房屋设计标准化和装配的理论和方法。他是现代建筑采用玻璃幕墙的先行者。

20 世纪 70 年代以来，西方出现了批判建筑千篇一律、枯燥无味忽视人的精神要求等现代主义建筑的弊病，但对他的评价不一。

en)① 等建筑大师，出席了在普林斯顿大学召开的"体形环境"学术讨论会，接触了许许多多各国建筑师，以及住宅问题、城市规划、艺术和艺术理论、园艺学、生理学、公共卫生等等方面的专家、权威、教授，同他们就各种问题进行广泛深入的探讨。

据梁思成的学生王其明和茹竞华在《梁先生不是保守的人》一文中写道："'建筑是组织空间的艺术'，在当时是极流行的概念。梁先生在讲述这一论点时特别说了1947年他在美国拜访现代建筑大师赖特的故事。赖特问他：'你来美国干什么？你来找我干什么？'梁先生回答说：'向您学习建筑空间理论。'赖特说：'你回去，最好的空间理论在中国'，并引了《老子·道德经》中'凿户牖以为室，当其无，有室之用，故有之以为利，无之以为用'那句话。"

这时北平即将解放，一些好心的朋友劝他留在美国，并把家属接去，但他说"共产党也是中国人，他们也要盖房子"，毅然回国。

访美回国以后他进一步把自己的视野从单一的建筑转向了城市，他认为"建筑"的范围已从过去单栋的房子扩大到了人类整个的"体形环境"，小自杯、盘、碗、盏，大致整个城市，以至一个区域。建筑师的任务是为人类的生活和工作建立政治、文化、生活、工商业等各方面的"舞台"。建筑要为社会服务，为社会创造生活上、工作上的舒适，视觉上美观的体形环境。

---

① 沙里宁（E. Saarinen, 1910~1961）。他生于芬兰一个艺术家的家庭，父亲是建筑师，母亲是雕塑家。1923年移居美国。1934年毕业于美国耶鲁大学建筑系。开始，他在父亲的设计事务所工作，1950年父亲逝世，他独自开业。他被人称作雕塑建筑师，他的作品富于独创性，甚至他自己的作品也难以找出雷同相因之处。他那些富于变化的作品，影响深远。他的名作有：克罗岛小学、杰斐逊国家纪念碑、麻省理工学院礼堂和小教堂、耶鲁大学冰球馆、肯尼迪机场环球航空公司候机楼、杜勒斯国际机场候机楼等建筑。

为了实现这个理论，他认为建筑系的任务已不仅仅是培养设计个体建筑的建筑师，还要造就这种广义的体形环境规划人才。因此，将建筑工程系改名营建系，设建筑组及市镇规划组两个专业。他认为从长远看，应设置营建学院，下设建筑系、市镇规划系、造园学系、工业艺术学系。

在专业教育上他要求学生既要有宏观即学科外围的多方面修养，又要有严格的、精深的训练，正如吴良镛①所指出的，他的教育思想是"理工与人文的结合"，"博"而"精"的修养与训练。同时他还非常"重视实际方面，以工程地为实习场，设计与实施并重，以养成富有创造力之实用人才。……教授则宜延聘现在执业富于创造力之建筑师充任，以期校中课程与实际建筑情形经常保持接触"（梁思成 1945 年 3 月 9 日致梅贻琦书）。

他将营建系的课程分为：（一）文化及社会背景；（二）科学及工程；（三）表现技巧；（四）设计课程；（五）综合研究等五个方面。除传统的课程外，他分别在建筑及市镇规划专业加设了社会学、经济学、土地利用、人口问题、雕塑学、庭园学；市政卫生工程、道路工程、自然地理、市政管理、房屋机械设备、工厂实习；市镇设计概论、专题讲演及现状调查等课程，并改革了一年级"建筑初步"课的部分教学内容，以"抽象图案"代替了传统的"五种柱式"。这个教学计划实行到 1952 年，于院系调整后，开始全面学习苏联。我国高等院校也照搬苏联的教学计划，梁思成的这个教学计划没能继续实践，但它至今对建筑教育的发展方向仍有现实的参考价值。

---

① 吴良镛（1922～ ），南京市人，1944 年毕业于中央大学建筑系。1945 年参与创办清华建筑系，1948 年赴美入匡溪艺术学院建筑与城市设计系，1949 年获硕士学位，1950 年回国后任教至今，历任教授、系主任等职。现为中科院和工程院院士。

1948 年 9 月梁思成被中央研究院选为院士。

这个时期与他比较密切的人，除营造学社同仁外，有张奚若夫妇、金岳霖、沈从文、美国朋友费正清夫妇，及历史语言所傅斯年、陶孟和夫妇、李济、赵元任[①]、罗常培[②]。

1940 年后，为筹集学社经费他每年都要和陈立夫、孔祥熙、朱家骅等重庆政府首脑人物打交道。

在美国期间除一般访问外，与他接触较多的建筑师有邬劲旅、斯泰因（Clarence Stein）、哈里逊（W. Harrison）等人。

1946 年梁思成在美国耶鲁大学
讲授中国艺术与建筑

① 赵元任（1892～1982），字宣仲，又字宜重，江苏武进人，生于天津。1909 年在美国康乃尔大学主修数学、选修物理、音乐。1918 年获哈佛哲学博士学位。1925 年起在清华教授数学、物理学、语言学及音乐等课程。1929 年任历史语言所研究员兼语言组主任，同时兼清华讲师。授音韵学等课程。1938 年起在美国任教，并加入美国国籍。他是中国现代语言和现代音乐的先驱。1945 年曾当选美国语言学会主席，1960 年又当选美国东方学会主席。

② 罗常培（1899～1958），字莘田，北京人，北京大学毕业。语言学家，曾任北大、西北大学、厦门大学、中山大学教授，历史语言所研究员。

解放后，创办中科院语言研究所，任第一任所长，中国文字改革委员会委员。

解放

1948 年冬位于北平西郊的清华园解放了，北平城处在解放军的包围之中。中共中央正在迫使守城的傅作义将军接受和平解放的条件，同时也作好了攻城的准备。一天晚上解放军的代表（这位代表是谁，至今我们也未查清。）通过清华地下党组织找到梁思成，请他在一幅军用地图上把北京城中有价值的古建筑都标出来，以防万一和谈失败被迫攻城时，尽可能对这些古建筑给予保护。这使梁思成大为震惊，因为他正在为北平可能发生的战争将导致文物建筑的破坏而坐卧不安。解放军代表的来访使他感到喜从天降，从而在感情上一下子就和共产党接近了。接着他又为了避免全国解放战争的破坏，以最快的速度，领导清华营建系部分同志编制了一本《全国文物建筑简目》（即后来国务院颁布的《第一批全国重点保护文物建筑》的蓝本）。

他回忆自己第一次和共产党人的接触，还是在四川重庆。当时在重庆的周恩来同志，从美国驻华使馆新闻处处长费正清（J. K. Fairbank）先生及后来该馆文化专员费慰梅（Wilma Fair-bank）女士那里得知在偏僻的李庄还有这么一些知识分子，在极端艰苦的情况下，致力于学术研究。因此，特别派龚澎同志①去看望他们，了解他们的生活情况和思想情况。当时龚澎自称是共产党，是费慰梅介绍她来看望大家的。这位共产党员是战前燕京大学的学生，说一口流利的英语，衣着也很淡雅入时。这一切给他留下了良好而深刻的印象。直到解放后的一天，梁思成在颐和园遇到龚澎，她谈起当年在重庆的拜访，才得知是周总理对知识分子的关心。

1949年初尽管林徽因重病在身，梁思成的健康也很不好，但他们仍高高兴兴地送女儿梁再冰参加南下工作团，远离他们去工作。

20世纪50年代初期，他怀着激动的心情，以城市规划学者所特有的敏感，注视着北京市的城市建设。他首先注意到对民生最根本的卫生工程方面。由于长期封建统治的落后，及日本侵略者的占领，加上三年的内战，使得当时的北平城到处是垃圾堆、污水塘和粪坑。在1950年一年内，人民政府就清除了33万余吨包括从明代就积存下来的垃圾，取消了城内的粪坑、粪箱、粪厂890个，清除了61万吨城内积存的大粪，修复疏通下水道约243公里，排除淤泥约16万立方米，修理大小街道胡同路面252万平方米。

1949年9月梁思成作为特邀代表出席第一届全国政协会议，后来又连任历届全国政协委员，直到去世。

---

① 龚澎（1914～1970），女，合肥人。1935年参加一二·九运动，1936年加入中国共产党。1937年毕业于燕京大学历史系。曾任八路军总司令部秘书，重庆《新华日报》记者，中共驻重庆代表团秘书，中共香港工委外事组组长，北平军调部中共新闻组组长。解放后，历任外交部新闻司司长、部长助理。

龚澎父亲龚镇洲，是辛亥著名革命者，在保定军官学校，是蒋介石同班同学。1942年龚镇洲逝世，周恩来、董必武曾致唁电，由李济深主持追悼会并题写碑文。龚澎母亲徐文是黄兴夫人徐宗汉堂妹，姐姐龚普生曾任外交部条法司司长，首任驻爱尔兰大使，姐夫章汉夫是外交部常务副部长，丈夫乔冠华曾任外交部部长。

20世纪50年代初周恩来总理（左一）与梁思成（中）在政协礼堂

20世纪60年代初与学生在一起

1949 年 11 月梁思成当选为北京市各界人民代表会议代表及主席团委员，及北京市人民政府委员。1952 年任北京市政协副主席。

　　他全心全意地投入建国的各项工作中去。1949 年秋到 1950 年夏，梁思成、林徽因为设计新中国的国徽亲自伏案制图，并领导清华大学营建系国徽设计小组，研究讨论，绘图配色。当时他们所最关心的是在国徽的图案中，不仅要体现中国人民的革命精神，而且要反映出中华民族的审美风格及气派，而决不能简单地去模仿某些外国国徽。为此他们不知熬过了多少个日日夜夜，终于设计出了能够代表中华民族的国徽图案。1950 年 6 月 23 日全国政协一届二次全体会议通过了这个图案，并于同年 9 月 20 日经中央人民政府委员会第八次会议通过，由中央人民政府主席命令公布，正式成为中华人民共和国国徽。

　　1952 年他又担起了北京天安门广场人民英雄纪念碑建筑设计主持人的重要工作。这时他和林徽因的健康都很不好，梁思成几次住院，但他仍与林徽因共同对纪念碑的设计探索了无数方案。在碑的体形与环境的配合，及各细部的艺术处理上反复推敲，考虑得无微不至，而其核心也是一个如何运用民族形式的问题。他写给彭真市长关于纪念碑设计问题的信，根据北京城故宫中轴线这一体形环境，及纪念碑所处的具体位置，并从构图原理等各个方面来分析论证纪念碑应采取什么样的体形。这是一篇精湛的建筑艺术理论短文。

梁陈方案

　　作为一个城市规划的学者，在新中国成立初期他就预见到北京城作为新中国的首都，必然面临着一个史无前例的大发展。为了迎接这个大发展必须有一个较全面的、有远见的发展规划。因而他就北京城的建设问题发表了不少意见。1949 年 5 月他被任命为北京市都市计划委员会副主任。1950 年 2 月他与陈占祥①共同拟写了《中央人民政府中心区位置的建议》，在《建议》中他们首先阐明了旧北京城的历史价值，又全面阐述了对北京市规划的意见，认为北京的建设应与古城的保护统一起来考虑。建议将首都的行政中心设在西郊月坛与公主坟之间，并对这一方案的可行性与在旧城区内建造政府机关的困难和缺点作了充分的比较与经济分析。可惜出自我国自己的专家学者的这一建议不仅没有得到理解，反被认为是与苏联专家搞的以改建旧城为主的规划相对抗，

----

　　① 陈占祥（1916～2001），浙江奉化人。1938 年赴英入利物浦大学建筑学院读书，1944 年完成《利物浦中国城》论文，1944 年入伦敦大学大学院攻读都市计划立法，1946 年放弃博士生学位归国拟主持北京市城规工作，未果。1949 年 10 月始任北京市都市计划委员会企划处长，1950 年 2 月与梁思成联名著成《关于中央人民政府行政中心区位置的建议》，即"梁陈方案"。1957 年被错划为右派分子。1979 年调任城市规划院总规划师。

梁陈方案建议将中央政府行政中心设在旧城区以西，也被指责为"企图否定"天安门作为全国人民向往的政治中心。

为保护北京这座历史名城，他奔走呼吁不遗余力，他不理解为什么当初解放军宁可流血牺牲也要保护下来的古建筑，现在却一定要把它们拆掉，还开了"控诉"原在天安门东西两侧的三座门的"血债"的群众大会。他眼看北京市的建设有重蹈西方许多历史名城被毁的覆辙的危险，心急如焚，不断上疏国家领导人陈述己见。

他对牌楼的存废、团城的保护、城墙城楼的保存、天安门前东西三座门的拆除、西长安街庆寿寺双塔的拆除，无一不据理力争，直言不讳，光明正大地展开论战。尽管他被某些人视为保护封建遗产的顽固派，对此他并不理会，因为他深感"我们这一代人对于祖先和子孙都负有保护文物建筑本身及其环境的责任，不容躲避"。

北京阜成门内大街历代帝王庙前西牌楼　　　　　　　　　　梁思成　摄

创造新中国的新建筑

今天，人们都承认"建筑的文化性质与社会性质"了，然而，五十年前梁思成与很多人的分歧正是在这个最基本的观点上。他的建筑思想及建筑理论，从反对宫殿式到提倡"大屋顶"，又否定"大屋顶"，这里面始终贯穿着他对建筑的民族风格的执著追求，同时渗透着国际建筑思潮变化和国内政治形势变化的影响。他的创作思想的变化反映了时代的特点，大致可分为三个阶段：

（一）20世纪20年代～1949年。在此阶段梁思成赞同现代主义，但是和西方现代派大师不同，他对传统并非完全排斥，认为建筑是分层次的，一般建筑和重要建筑不同，重要建筑应有地方和民族特色。

1930年梁思成说"现代为钢筋洋灰时代……建筑式样大致已无国家地方分别，但因各建筑功能不同而异其形式"。1935年他又说"所谓'国际式'建筑，……其精神观念，却是极诚实的，由科学结构形成其合理外表"，这些都反映了他对"形式追随功能"的国际式风格的赞同，他对不顾实用抄袭宫殿式则持批评态度。30年代前后他的建筑作品，如吉林大学教学楼、北大地质楼、北大女生宿舍和仁立地毯公司等均反映了他的上述观点。40

年代他又提出创新不能脱离传统，应"提炼旧建筑中所包含的中国质素"，包括应关心我国人民的生活习惯和家庭组织。这充分体现他重视国情，重视我国人民的文化背景，学习现代建筑而不愿抄袭西方的愿望。总之，就当时中国建筑界的情况而言，梁思成的建筑创作是先进的，而与同时期国际上现代派建筑大师相比，他又带有兼容并蓄的特点，反映了他对民族文化的热爱。

（二）1949～1955年。此阶段梁思成由肯定现代主义转为批评现代主义，过分强调历史传统，客观上成为1954年国内出现的以滥抄"大屋顶"为标志的复古主义建筑思潮的理论权威。他的思想转变有其时代背景：1950年"抗美援朝"运动时，知识界掀起肃清"崇美"思想运动，现代派建筑被当作帝国主义腐朽堕落的意识形态的反映而受到批判，梁思成经历了这场运动。另一方面，由于学习苏联，梁思成接受了"在解决社会主义时代美的问题的时候，建筑师就应当利用各民族遗留下来的建筑遗产"。对于民族形式的重视，是苏联建筑和城市建设在造型方面最突出的特征。设计、研究、建造、发展反映社会主义面貌并具有民族特有风格的建筑是苏联建筑的原则和方向。

在这样的大形势下，他的思想有了转变，认为"……所谓'国际式'建筑本质上就是世界主义的具体表现，……它基本上是与堕落的、唯心的资产阶级艺术分不开的"。他接受了当时苏联建筑界流行的过分重视古典文化和民族传统的思潮，并借用了苏联文艺界的一个口号："民族的形式，社会主义的内容。"

但是在实践过程中，他对民族形式的理解带有片面强调"大屋顶"的复古主义倾向。1955年我国政府提出"展开全面节约运动，反对基本建设中的浪费现象"。整个建筑界进行了几个月的批判复古主义思潮的运动。梁思成于1956年初作了检查，作为一个爱国者，他的检查是真心的，他检查自己缺乏经济观点，在审美情趣上又保留了过多的"思古之幽情"。总之，这个阶段是梁思成在探索中国建筑创作方向过程所走的一段弯路。

（三）1956年以后。梁思成于1958年讨论人民大会堂等国庆工程方案时提出了"新而中"的口号。他后来解释说："我所谓'新'就是社会主义的，所谓'中'就是具有民族风格的。'新而中'就是中国的社会主义的民族风格。"他认为"新而中"是上乘，"西而新"为次，"中而古"再次，"西而古"是下品。他提出"不是抄袭搬用"，"是在传统的基础上革新"，要批判地吸收传统和遗产中有民族性的东西。他强调继承传统和吸收遗产不应只重视建筑形体，而应重视建立在人民生活习惯上的平面、空间处理、匠师实践中总结的艺术规律和中国建筑的气质。梁思成所提的"新而中"这一口号由于覆盖面广，至今仍为建筑界较多人所接受。

梁思成在20世纪40年代末，引进国外的新建筑理论时，还没有实现中西文化的融合，还没有来得及消化，就在抗美援朝运动中受到批判而被迫抛弃了。于是他又背起沉重的灿烂的古建筑文化的包袱艰难地迈出弘扬传统的一步，却又在更大的政治风浪中淹没了。

今天在建筑界很多人都认识到，"大屋顶"建筑是从我国固有的建筑形式向新建筑发展过程中很难避免的一个过程，也是梁思成在探讨建筑的民族风格时走的一段弯路。在科学的历程上是允许人们犯错误的，可悲的是当梁思成努力提倡"大屋顶"时，却一心一意地认为这是在学习苏联的先进经验，是一个新生事物。

今天，当我重读他的文集时，更加深切地感到他的一生是勇于探索的一生，也是随着时代前进的一生，他与林徽因在那布满荆棘的道路上前进，不考虑迎面扑来的风沙雨雪，不计较个人得

1958年在苏联索契。城规院副院长易锋（左二）、建工部副部长杨春茂（左四）及梁思成（右一）

失荣辱。我想到人们往往只注意向成功的人庆贺，但是在科学的道路上，当我们向胜利者庆功之时，不应该忘记那些先行的探路人，正是他们以自己的勇敢精神、辛勤的劳动，甚至宝贵的生命，为后者立下了"由此前进"或"此路不通"的路标。

梁思成和林徽因这一代建筑师们，亲身经历了这场建筑文化嬗变的巨大阵痛，勇敢地冒着风险走完了他们艰难的历程，作出了他们各自的贡献与牺牲。而今新的一代建筑师们又站在十字路口，要么让我们古老的建筑文化永远衰落下去，要么使它获得新的生命，无论怎样他们都无法推卸这历史的责任。

解放初期，他已深感必须有一个全国性的学术机构来领导学术讨论，促进学术繁荣。在他的积极倡导下，中国建筑学会成立了，梁思成当选为全国建筑学会副理事长。

1954年起梁思成被选为第一、二、三届全国人大代表，1959

年 1 月 ~1964 年 12 月被选为全国政协常委，1964 年被选为全国
人大常委会委员，1955 年当选为中国科学院技术科学部委员（现
称院士），参加了"十二年科学远景规划。"

　　1955 年 4 月林徽因逝世，终年 51 岁。她的墓是梁思成亲自
设计的。她墓碑上的大理石花圈正是她自己生前为人民英雄纪念
碑设计的纹饰的一个刻样。

林徽因墓
此墓碑上的浮雕是林先生为人民英雄纪念碑设计的
图案样板。

批判

　　1955 年 2 月，开始了对"以梁思成为代表的资产阶级唯美主义的复古主义建筑思想"的批判。北京市成立了"批梁"办公室，组织了 96 篇批判文章（当时只发表了十几篇，后来《建筑学报》编辑部接上级指示，不让再发表批梁的文章，这是为什么，至今我也弄不明白）。对一个学术理论问题，用这种方式无论是对梁思成本人或是建筑界都是无益的，反而使一个学术性问题得不到深入的讨论研究，并在以运动方式来处理学术问题方面，开了一个很坏的先例。今天回顾起来，当年所谓"大屋顶"问题，其消极方面是在探索民族形式的建筑实践中，走过的一段弯路。

　　新中国成立初期，中国人民推翻了长期压在自己头上的"三座大山"，特别是推翻了帝国主义的压迫，接着是"抗美援朝"运动的深入开展，建筑师们出于爱国主义的热情，出于民族自尊感，在感情上很自然而合理地接受了"民族形式"的建筑理论。而解放前的大多数大学建筑教育基本上放弃了中国传统建筑的教学，几乎完全模仿欧美的建筑体系。而且，多少年来由于民生凋敝，根本没有盖过多少房子，从而也就不可能有机会在现代建筑中去探索民族风格，从中取得成功的经验。因而 20 世纪 50 年代初，当建筑活动在全国范围内迅速而大量出现，经过正规训练的建筑师严重不足，设计任务又十分紧迫的情况下，在学习苏联"民族形式"、"先进经验"的号召下，建筑师们一时纷纷走上模仿中国传统宫殿式建筑的道路来设计新的建筑，这是难以避免的事。

尽管梁思成在 20 世纪 40 年代就已经说过，"因为最近建筑工程的进步，在最清醒的建筑理论立场上看来'宫殿式'的结构已不合乎近代科学及艺术的理想"。"因为靡费侈大，它不常适用于中国一般经济情形，所以也不能普遍"。尽管他提醒建筑师们，"我们过去曾把一种中国式新建筑的尝试称作'宫殿式'，忽视了我国建筑的高度的艺术成就，在民间建筑中的和在宫殿建筑中的，是同样有发展的可能性的。此外，今天民间还有许多匠师和艺人，他们也是我们最好的老师"，尽管他一再强调不要"抄袭"和"模仿"，但由于当时没有也不可能有正面的成功的模式可供大家借鉴，建筑师们包括梁思成自己都还处在一种探索的起始阶段，再加上各修建单位所表现出来的那种追求铺张、一哄而起的不良作风（这种作风 37 年来虽经一再反对，但至今仍然到处存在），致使这些提醒和劝告都无济于事。简单的仿古建筑，即所谓的"大屋顶"仍然风行一时，遍布全国。

梁思成对这许许多多的仿古作品，并不满意也不赞成，但他清醒地认识到，"我们的新的、社会主义现实主义的建筑还在创造和摸索的过程中……所以要马上就理解得很好，做出高水平的作品是很难的，乃至是不可能的……只要设计者在他的作品中表现出他的努力或愿望……"因此，他还是肯定了新建筑中的一些优点，他深信着"几年以后"，"我的真理将要胜利"。但是他还是承认，许多地方出现模仿宫殿式大屋顶，他有不可推卸的责任，特别是"大屋顶"造价昂贵，不符合社会主义建设节约的精神。在这个前提下，他在全国政协大会上做了检查。

一切为社会主义

解放以后梁思成除繁重的本职工作外，还担任了频繁的外事活动。从20世纪50年代到60年代他前后出国十几次，到过苏联、捷克斯洛伐克、波兰、民主德国、古巴、巴西、瑞典、法国、墨西哥等国进行友好访问，促进学术交流。

作为一个教育家，学生在梁思成心目中占有重要的位置，他爱护学生，对学生亲切、热情，既严格要求又循循善诱。作为一个教师，他富有魅力。虽然他工作很忙，但仍坚持到教学第一线去给学生讲课，重视学生基本功的训练和基础课的教学。一年级学生的"建筑概论"课他总是亲自去讲授。他经常到教室去了解学生的学习情况，学生也常常到他家中来向他请教。高班的学生几乎人人都欣赏过梁家书架上的汉代明器小陶猪，并受到对小猪造型理解的考试。他对学生，对研究生，对青年教师的培养总是以情感人，以理服人。今天他的学生已经遍布全国，并担负起重要的责任。

他坚信只有社会主义才能救中国，他终于从一个真诚的爱国主义者，成为共产主义者。1959年1月他加入了中国共产党。入党后他除了关心国家的建筑事业外，还关心广大劳动人民的生活。

在三年经济困难时期，他参加全国人大组织的视察团，赴内蒙古视察。回京后他写了多篇介绍草原牧民生活的文章，"喇嘛——书记"、"可爱的内蒙古"、"塞北江南"、"沙漠变良田"等。他还和摄影专家郑景康同志联合举办了"梁思成郑景康内蒙古摄影展览"。有人说梁思成不务"正业"了，成了"歌德派"，专写歌功颂德的文章。他们哪里知道正是这一次视察使他深深地回忆起20世纪30年代的雁北之行，回忆起30年代在五台山亲眼看到成群的贫苦牧民，为了摆脱苦难的生活，他们赶着驼队千里迢迢登上五台山去求得喇嘛的祝福。他们把大半辈子的劳动所得，仅有的几个银元，一元一元地献出来，直到把随身带的用品——刀、喝油茶的小木碗等等，全部献了出来。而一转手，这些献给佛祖的礼品，又在山门外的地摊上出现了。现在牧民们过上了温饱的生活。对于一个曾经知道他们的过去的爱国知识分子来说，觉得自己有责任作出实事求是的对比，并谈出自己的感受。

自从1955年林徽因病逝之后，梁思成在个人生活上一直是很孤单的。由于他身体不好，还要照顾已经年逾八旬的岳母（林徽因之母），生活上遇到许多困难。他很需要一个伴侣，重新组织一个家庭，1962年他和清华建筑系资料室的林洙结婚了。

解放初期陪同周恩来总理接待外宾

永远向前

作为一个渊博的学者，梁思成最可贵的是他对新事物的敏感与勇于探索、百折不挠的精神。他具有随着时代而前进永不停滞的向前精神。20世纪40年代初他首先提出"体形环境"的理论，重视城市规划；抗日战争后提出"住者有其房"的建设目标，在清华大学设置市镇规划新专业。解放后对建筑创作理论的思考，虽然受到批判，但他仍然继续探索。因为他信奉梁启超常常用来教导他的一句格言："切勿犹疑以今日之我宣判昨日之我"。他早已说过"我们在摸索过程中是不可能不犯错误的，受到批评也是不可避免的。我们不要怕被批评，认真的批评是对我们的帮助。我们应该欢迎他。这种受到批评的错误，只是小错误。若是受了一点批评便缩手缩脚不敢做，或是索性不做，那就将影响到国家基本建设，也将推延社会主义现实主义的建筑之产生，造成创造发展中的错误，那就是政治性的原则性的错误了"

他在"上海建筑艺术座谈会"上的发言正是本着这个精神。他引证古今中外的实例，论述了传统与革新的关系，提出了"新而中"的创作理论。1961年他又发表了"建筑创作中的几个重要问题"，就建筑的艺术特性、美的法则、形式与内容、结构的艺术性、传统与革新等问题，作了全面深入的探讨，并精辟地把继承遗产概括为"认识—分析—批判—继承—革新"这样一个过程，立论严谨，逻辑性强，有说服力。他的建筑观也是随着时代的发展而不断充实完整。"……在他晚年《拙匠随笔》中，对建筑作了他最后的概括，称'建筑⊂（社会科学∪技术科学∪美术）'……在当时还没有交叉学科和多学科渗透等这些名词，但其本质，在梁先生的思想中是明确的"（吴良镛语）。他与林徽因的一生是勇于探索的一生，在科学的道路上他们勇往直前，不计较个人得失荣辱。正是他们自己的勇敢和辛勤劳动，甚至不惜宝贵的生命，为后者立下了前进的路标。

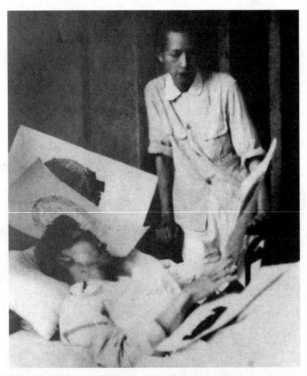

1950 年梁思成在病中与林徽因讨论国徽设计方案

下编

晚年遭遇

把知识献给祖国和人民

　　梁思成一向重视向群众普及建筑知识。解放后他经常应各种报刊杂志的请求写有关城市规划、建筑方面的科普短文，从不推辞。他的科普读物深入浅出，常常能以生动的语言、通俗的文字、简短的篇幅，把本学科的精髓介绍给读者。在这些短文中还对建筑理论发表了不少精辟的见解，并尝试着用辩证唯物主义的观点来分析问题，如众所周知的《拙匠随笔》、《建筑和建筑的艺术》等。

　　1962年3月全国科学家座谈会在广州召开，会上周恩来总理和陈毅副总理作了重要讲话，重申我国知识分子的绝大多数已经是劳动人民的知识分子。陈毅副总理还提到了《营造法式》的科研工作。梁思成深受感动，他想他唯一可以奉献给祖国的只有他的知识，因此他决心把自己的全部知识毫无保留地奉献给他的学生、祖国未来的主人。他又重新开始了搁置多年的《营造法式》的整理工作。

　　就在这一年，他发表了最后的一篇，也是解放后唯一的一篇古建调研报告"广西容县真武阁的杠杆结构"。他视察了赵州桥的修复工程，参观了承德普宁寺大乘阁的维修。他一向认为"建筑是文化的一个有机的部分”，古建筑更是我国文化遗产中的重要部分。他写了“闲话文物建筑的重修与维护”一文，充实了他对古建保护维修工作的理论。他把在审查西安小雁塔维修方案时说的“保护古建筑是要它延年益寿，不是返老还童”这句话概括为“整旧如旧”四个字，现在已成为修复古建筑的重要原则之一。

1963 年他受中国佛教协会赵朴初先生的委托，设计了扬州鉴真大师纪念堂。由于经费关系，当年只立了碑。碑亭、纪念堂及周廊推迟到 1970 年代始建成，可惜竣工时，梁思成已与世永诀了，他没能见到自己最后的一个设计。鉴真纪念堂于 1985 年获全国优秀设计奖。

1966 年他完成了《营造法式注释》的最后定稿。梁思成在 1950 年代初就主持过“中国建筑史编纂委员会”的工作。在任建研院历史理论研究室主任时期，他担任了《中国古建筑史》编委会领导工作，也是《建筑史》第六稿的主编之一，并在 1965 年主持了最后一稿的审定。但是他仍然计划着按照自己的观点，重写在 1943 年完成的《中国建筑史》，并准备写他悬念已久的《中国雕塑史》，还要写一本建筑理论的专著。这时候梁思成已经 65 岁，却意气风发，以高昂的热情准备为祖国的社会主义事业作出更大的贡献。但是没有想到，不久就爆发了“文化大革命”。梁思成再也没有机会继续他毕生从事的学术工作和教育工作了，再也没有机会为他所热爱的社会主义祖国贡献他的才华了。

风暴来了

1966 年春我正参加清华大学的四清工作队，在京郊延庆中羊房，工作队的同志都注意到报刊上陆续出现了对《海瑞罢官》及《燕山夜话》的批判。思成的来信也谈到了他在民盟中央参加了对吴晗的批判会。

令我感到困惑的是《海瑞罢官》和《燕山夜话》的作者都是北京市委的领导同志，难道北京市的领导人会出问题？1966 年 6 月 3 日新华社报道中央决定改组中共北京市委。这时校内也派人来和工作队联系，要求队员们对校党委的工作表态，真有些"山雨欲来风满楼"的紧张形势。但大多数人吸取了反右的教训，纷纷支持党委的工作，明确表示"蒋南翔①是姓马（马列主义），而不姓修（修正主义）"。不久，工作队就接到命令返回学校参加文化大革命。

当返校的车子一进校门，就看到铺天盖地的大字报与处处攒动着的人群。一股骚动不安的感觉向我袭来。六月的天气已开始炎热，笼罩着工作队的沉闷气氛，又使我隐隐地感到一种难言的

---

① 蒋南翔，时任清华大学校长。

恐慌。返校的汽车驶入清华园，我们在系馆门口下了车，正对系馆门口的一张大字报上赫然写着斗大的黑字："揪出黑市委藤上的大黑瓜梁思成。"我的心一下子紧缩了，几乎透不过气来。

我木然地走回家，推开房门，屋子和往常一样拉着窗帘，显得有些昏暗，思成正在写些什么，他显得那么瘦小憔悴。见我进来，他向我伸出双手，又放下了。他用低哑的声音说："我天天都在盼你，但是我又怕见到你……"我从来没有见到他这么痛苦，这么颓唐，这使我骇然。我轻轻地抚着他，希望能给他一点安慰，暗暗祈望这只是一片短暂的乌云，一切都会搞清楚，一切都会过去。那时，我怎么也没有想到这片乌云会笼罩全中国整整十年，而他也再没有机会看一眼中国的晴空。

我回到自己的单位"参加学习"，老同事们都很沉默。窗外不时敲锣打鼓，走过一队队人，押着戴高帽子的党委干部们游街，一部分同志怀着看热闹的心情嬉笑着，指点着。接着又来了一队人，喧哗得特别厉害，他们押着一个女同志，她身上穿着一件黄纸糊的大斗篷，在斗篷的前胸及后背上写了三个大"保"字，她头上戴着同样黄纸糊的高帽子。走近后，我才认出原来是党委中唯一的女委员。她生活朴素，工作努力，挺关心群众。我一向对她十分好感，现在她却成了这个样子，我好像五脏六腑都被搅翻了似的，全身无力地瘫坐在椅子上。我不禁自问，揪出走资派是"革命行动"，我这是怎么了？于是我努力掩饰自己的恐惧，尽量装出一副镇静的样子。

上边派来了工作组，人们暂时安定了下来。为了迎接这场"文化大革命"，我把思成解放后写的文章整理出来，准备供他自我批判用。在整理过程中我发现两篇重要的文章，一篇是当时我系工作组组长的文章，发表在《建筑学报》第一期，是论建筑的民族形式问题，这一篇文章的观点和思成同时期的文章没有什么区别，再一篇是姚文元（中央"文革"领导小组成员）关于美学问题的文章，其中一段论述故宫的建筑艺术，他的分析简直与思成的论点完全一致。

有了这两个重大的发现，又想到周总理曾对思成说他的"拙匠随笔"是好文章的话，我仿佛吃了定心丸，我相信他的学术问题充其量只能是错误观点，构不成反动权威的罪行。我把这两篇文章给思成看，他不像我这样乐观，叹息着摇了摇头。

果然系馆门口贴出了《梁思成是彭真死党，是混进党内的大右派》的大字报。于是他详细地"交代"自己的入党经过，与彭真的关系等等，其实那本来是众所周知的，然而他一遍又一遍地检查，但都没有通过。有一天他终于明白了他们需要的东西，他们认为他在反右时期写的拥护党委领导的文章，是当时的市委为了把"右派打扮成左派再拉进党内"而授意他写的。

"那么，那篇文章是怎么写的呢？"我问。

"在整风开始后很多人对党提出了意见，我自己也提了不少，但是这些意见中有一点我不同意，就是要共产党从学校中撤出去。尽管我和不少领导同志为北京市的规划问题，为古建筑保护的问题吵得不可开交，尽管共产党曾批判过我，但是我没有忘记是谁领导全国人民站了起来，不再受帝国主义侵略；是谁解决了四亿多人民的吃穿问题；是谁使我们的社会得到了安定；是谁清理了古老的北京城里从明代就积存下来的垃圾，是共产党。那么为什么共产党就不能领导大学呢？即使在解放前，校委会也是被操纵在少数特权人物手中，就像清华过去所谓的'三巨头'嘛！所以，我写了'整风一个月的体会'，谈了自己的看法，但当时正在鼓励鸣放，提意见。所以写完后又拿不定主意，只好把它锁在抽屉里。星期日刘仁同志来看我，问我最近有什么看法，我把这篇东西拿给他看，他看完后很高兴，立刻放进口袋中，说了声

'明日见报'就走了。第二天果然一字不改登了出来。"接着他又说："不管怎样，我当时认为只有共产党能使中国强大起来，我愿意跟着它走，所以我写了入党申请。那时连党的基本组织原则都不懂，竟把申请书直接交给周总理转毛主席。我在入党后的一切行动包括我写的那些文章可能有错误，但全是光明正大的，没有任何阴谋活动。"

他说："最初我接触的共产党高级干部是彭真，那是在北京解放不久的一次会议上，有人把我介绍给他，当时我对党内的组织情况毫无了解，根本不知道他在北京市及党内的地位。当他知道我是梁启超的儿子时说：'梁启超曾说，今后之历史殆将以大多数之劳动者或全体国民为主体，现在实现了。'接着他又引了一句梁启超的话，然后对我说：'我相信，梁启超先生要是活到今天，他也会拥护共产党的。'我真是大吃一惊，我虽是梁启超的儿子，但很惭愧，我没有读过多少父亲的著作，然而眼前这位共产党的干部却能背诵他的作品。这件事很自然地使我对彭真产生了亲切感。1955 年的批判也是彭真帮助我认识了错误。我承认我的确很佩服彭真，但和彭真没有任何私人的交往，更谈不上死党。"

他很坦然，同时却一丝不苟地写着工作组要他"交待"的每一个"问题"。他对每一件事的陈述都是诚实而详尽的，没有丝毫保留。我一直认为自己在各方面都很无知，在政治上更是如此，然而我却惊奇地发现他在政治上是多么的天真与单纯，他对党是那样的忠诚与信赖，连我都不能想象在旧社会生活了大半辈子的人，竟能保持这么纯洁的赤子之心，丝毫也不怀疑别人会对他有什么恶意。

挂上黑牌子

　　7月底，中央决定撤销工作组。8月22日全校师生员工都集中在大操场，等候大会宣布这一消息。那天，天气闷得厉害，天空布满了乌云，更增加了我惶惶不安的心情。学生们对此则是兴奋万分，反复地唱着："拿起笔做刀枪，集中火力打黑帮……"听他们唱着，我感到一股彻骨的寒气传遍了全身。约在晚上8点大会开始了，一列庞大的车队驶入会场。来了很多国家领导人，连周总理都来了。群众不停地欢呼，接着领导人一个接一个地讲话，他们讲话的内容大都是明确文化大革命的目标是斗垮"走资本主义道路的当权派，批判资产阶级反动学术权威"，方法是大鸣、大放、大辩论，"让群众自己解放自己"。我注意到只有周总理的讲话强调要认真学习。

　　天空出现了闪电，接着雷声巨响，瓢泼大雨倾盆而下，大雨淋湿了我的全身，我不由得瑟瑟发抖。但是更牵着我的心的是思成，他现在怎样了？他患肺气肿已十多年，从家里走到西操场就已很困难，他那仅有四十多公斤的瘦弱的身体，能经得住这样的雨淋吗？大会终于散了，我在人群中找到他，看他又冷又累几乎晕倒。我扶着他慢慢挪动脚步往家走，看他吃力的样子，我真想

75

把他背回去，但是我不敢。回到家，我不停地用热水给他擦身，使他渐渐地暖和过来。他显得很茫然，一声都不哼。

　　工作组撤走的那天，我站在送行队伍的后面，像我这样的人只能站在队伍的后面，没有被赶出队伍，也算不错的政治待遇了。中老年教师多少带着些惶惑，我已忍不住偷偷地擦了两次眼泪，当然是为思成的命运担忧。工作组一位姓张的同志把我叫到一旁，低声说："梁思成的问题你不要担心，他是中央重点保护的科学家，我们传达过中央文件。我告诉你这个底，但你千万别对外说。"不知为什么，这句话没有给我多大安慰。

　　工作组撤走后，由群众自己选出了"文革领导小组"，人们每天都在写批判党委及各级党组织的大字报。我和思成则每天都在讨论蒋南翔为什么是修正主义者？什么是资产阶级教育路线？什么是无产阶级教育路线？这些似乎是早已为"革命群众"解决了的问题，我们却仍然感到糊涂，而且也不敢提出问题。被揪斗的人一天天地增多，我不敢想，但我预感到他们绝不会放过他的。一天，资料室的一个同志和几个红卫兵在窃窃私语，并带着红卫兵去了库房。把存在库房里的一批清朝王爷及公主穿的服装搬了出来。他们把系党委委员一个个揪出来，包括思成，让他们穿着这些大袍子，自己敲着锣，在校园中游街。正值炎热的夏天，穿这身大袍子游园，出的汗把厚厚的衣服都湿透了。思成穿的是一件浅紫色的公主服站在系馆门口的高台上，红卫兵们围着他，丧心病狂地羞辱他，骂他搞封资修的一套。他低着头，大汗不停地流了下来，他摇晃着快晕倒了，几个红卫兵又把他拽了起来。

　　其实这些文物与建筑系毫无关系，这是原清华大学社会系文物馆的收藏。院系调整后，社会系并入民族学院。民族学院只挑走了与少数民族有关的展品，这些衣物就留在清华，而清华全都是理工学科，哪个系都不接受这些东西，只好塞给建筑系。

我最怕的事终于发生了，那天我正在系馆门口看大字报，突然一个人从系馆里被人推了出来，胸前挂着一块巨大的黑牌子，上面用白字写着"反动学术权威梁思成"，还在"梁思成"三个字上打了一个大"×"。系馆门口的人群轰的一声笑开了。他弯着腰踉跄了几步，几乎跌倒，又吃力地往前走去。我转过脸来，一瞬间正与他的目光相遇。天啊！我无法形容我所爱的这位正直的学者所表现出来的那种强烈的屈辱与羞愧的神情。我想，现在即使以恢复我的青春作报酬，让我再看一次他当时的眼光，我也会坚决地说"不"!

那一天回到家里，我们彼此几乎不敢交谈，怕碰到对方的痛处。从此他一出家门就必须挂上这块黑牌子。看着他蹒跚而行的身影，接连好几天我脑子里一直在重复着一句话："被侮辱与被损害的。"

8月份红卫兵走上街头，开始了"破四旧"（"文革"中指破除旧思想、旧文化、旧风俗、旧习惯）运动。一天晚上，一阵猛烈而急促的敲门声之后闯进来了一群红卫兵。为首的人命令我打开所有的箱柜，然后指定我们站在一个地方不许动。他们任意地乱翻一阵，没收了所有的文物和存款，并把西餐具中全套的刀子集中在一起（12把果酱刀，12把餐刀，12把水果刀），声色俱厉地问思成："收藏这么多刀子干什么？肯定是要暴动！"我刚要开口，就挨了一记耳光。正在这个紧张关头，突然从老太太（林徽因的母亲）房里吼叫着冲出两个红卫兵，他们拿着一把镌有"蒋中正赠"字样的短剑，这下我可真的噤若寒蝉了。在一阵"梁思成老实交代"的吼声之后，他们根本不听他的任何解释，抱着一大堆东西扬长而去。他们走后老太太呜呜地哭了，这时我才知道这是他儿子林恒1940年在航空军校毕业时礼服上的佩剑。我记得林先生曾多么哀伤地谈起她年轻的小弟弟及与他同时的一批飞行员们，怎样在对日作战中相继牺牲的悲壮故事。第二天全清华都传开了"梁思成藏着蒋介石赠他的剑"。从此以后不管什么人，只要佩上一个红袖章就可以在任何时候闯入我们家，随意抄走或毁坏他们认为是"四旧"的东西。

一天，我下班回来，发现一箱林先生生前与思成为人民英雄纪念碑设计的花圈纹饰草图，被扯得乱七八糟，还踏上很多脚印。我正准备整理，思成说，算了吧！他让我把这些图抱到院子里去，点燃火柴默默地把它们烧了。最后一张他拿在手中凝视了良久，终于还是扔进了火堆。结婚几年，我没有见他哭过，但是这时，在火光中我看到了他眼中盈盈的泪花。

红卫兵抄走的文物中，有不少字画。因为这些字画长期没有人翻阅，连思成也忘了它们的存在。但是不少当成迷信物品没收的文物及佛像，却是思成多年研究雕塑史收集的艺术精品。思成常津津乐道地对学生分析它们所代表的时代特征及造型的美。那只明代小陶猪，他常常用来考学生，问他们，"欣赏不？"如果对方摇摇头，他就哈哈大笑说："等到你欣赏时你就快毕业了。"对方若表示欣赏，他会追问为什么？他不但要学生看，还要他们用手去摸。他说："建筑也一样不仅要用眼看，有时还要用手去摸，才能'悟'出其细部设计上的妙处。"有一次我被他考了以后，要求他给我分析一下。他笑着说："只能意会，不能言传。"我生气地说："那你就不是好老师。"他看我认真了，就把小陶猪放在我眼前，拿起我的手抚摸着小猪的脊骨说："这根线条，刚劲有力又流畅，它对整个造型起了决定作用。这和圆滚滚的肥猪好像很难联系在一起，但就整个小猪的造型来说，却又惟妙惟肖。"

还有一双小小的汉白玉佛脚，这是他在佛光寺后山上拾得的。佛像的身体部分已毁了，只留下一双踏在莲花上的小胖脚丫。他常常给朋友们看这双小胖脚，并说："这是典型的唐代塑像的脚。"还风趣地在这双小脚的莲花座下面写着:"莫待临时抱。"

　　在抄走的文物中有几件极有市场价值的东西,一件是战国时期的铜镜。虽然我国古代铜镜保留到现在的极多,但是像这面铜镜保存得那么完美的却极少,它上面的花纹几乎没有受到损坏,而且精美无比,这是梁启超的遗物。另一件是一尊高约三十公分的汉白玉立佛,古书《陶斋吉金录》、《陶斋藏石记》中均有记载,这是林徽因父亲的遗物。还有一个高三十公分、宽二十多公分的石雕,上面刻着三尊美丽的佛像,思成曾告诉我这尊古雕的由来:一天他去拜访陈叔通①老先生,陈老酷爱古玩,他看到思成正在聚精会神地端详他珍藏的佛像,便玩笑着说:"你如果能猜得出这雕像的年代,我就把它送给你。"没想到思成竟脱口而出,说这是辽代的。陈老大吃一惊,但是他老人家信守诺言,真要把这个稀世之宝送给思成。思成执意不受,但却玩笑着对陈老说:"我可以接着猜下去,也许能把您收藏的一大半古玩抱走。"陈老哈哈笑着说:"可不敢再让你猜了。"第二天陈老坚决让他的侄儿陈植把这尊珍贵的佛像送到思成家里。这些文物至今下落不明。

　　为了避免再出乱子,我把所有的东西检查了一遍,主要是他写的文稿,有发表过的和没发表过的;还有解放初期就北京市新建筑及规划方面的问题写给中央领导同志和彭真市长的信;解放前思成和林先生与亲友们来往的信件;还有和费正清夫妇来往的信件。我忽然想起,看到一张大字报上说,思成和美国总统顾问费正清关系密切,我很害怕地问他会不会引起麻烦。他说:"我想不会,我和费正清的关系,在解放初期就写过详细的材料。周总

---

　　① 陈叔通(1876~1966),名敬第,杭州人。1894年留学日本,曾参加戊戌变法和辛亥革命。曾任商务印书馆和浙江兴业银行董事,抗战胜利后从事民主运动,长期从事实业。解放后,任全国人大副委员长、全国政协副主席、全国工商联主任委员。

理了解他的情况，我认识龚澎还是通过他的夫人费慰梅介绍的。我和他初次相识大约在1933年。一天，我和徽因到洋人办的北京美术俱乐部去看画展，认识了画家费慰梅和她的丈夫费正清。""当时，费正清是哈佛大学研究生，正在准备以'中美贸易关系发展史'的研究作为他的博士论文题目在中国收集资料。费慰梅是哈佛女校美术系毕业的画家。因为我曾在哈佛攻读研究生，我们算是前后校友，谈得很投机。那时他们住在东城羊宜宾胡同，离我们住的北总布胡同很近，因此过往很密。当时我们和北大、清华等校的少数教授，常有小聚会，周末大家聚在一起，吃吃茶点，闲谈一阵，再吃顿晚饭。常来参加的有周培源①夫妇、张奚若夫妇、陶孟和夫妇、钱端升夫妇，还有陈岱孙、金岳霖、叶公超、常书鸿②等人。费正清夫妇也常参加我们的这个小聚会。费正清常常把他在海关档案中查到的那些清朝官员的笑话念给我们听，张奚若是研究政治的，所以他与费正清两人往往坐下来一谈就是几个小时。后来费完成了他的论文，回国去了。但我们一直与他们保持书信联系。抗日战争后不久，费正清到重庆出任美国驻华大使馆新闻处处长，回国后，他的夫人又到重庆任美国驻华大使馆的文化专员，直到抗战胜利。那时我们住在四川南溪李庄，可以说是贫病交加，生活非常困难。他们两人都曾到李庄来看我们，尤其是费慰梅来的次数更多一些。我常常为学社的工作到重庆去向教育部申请研究经费，每次到重庆都去看望他们。他们还常给林徽因带来一些贵重的药品，回国后也常给我们寄些药和书来。通过他们的活动，美国政府和哈佛燕京学社都曾给营造学社一些

---

① 周培源（1902～1993），流体力学家、理论物理学家，美国加利弗尼亚大学理学博士，曾任北京大学校长，中科院院士。

② 常书鸿（1904～1994），杭州人，满族，敦煌艺术研究学者，1943年开始研究敦煌艺术，并长期担任敦煌艺术研究院院长，长期担任艺术院校教授，擅长油画。

捐助，总数不到一万美元。抗日战争胜利后，我到美国讲学，常在周末及假期到他们家住上几天，那时费正清已是美国赫赫有名的中国问题专家，在哈佛大学讲授中国历史，担任美国总统的中国问题顾问。费慰梅也写了不少介绍中国古代艺术的论文，她对中国的古建筑十分感兴趣。直到抗美援朝，我才与他们断了联系。"1971年美国乒乓球队访华后，思成接到慰梅的问候信，并谈到他们希望回到北京，来看看这个他们青年时代度过美好时光的城市。当时思成的处境不便直接回信，我们在华罗庚①先生的指点下将这一情况向周总理作了书面汇报。但不幸的是，在1972年慰梅他们到达北京前不久，思成去世了，这使慰梅夫妇极为懊丧。在"四人帮"横行的年代，我没有和慰梅联系，直到中美建交，我才遵照思成的嘱咐，写信向慰梅夫妇祝贺。这封简短的信使他们悲喜交集，没想到这封信竟使我和从诚一起重新延续了费梁两家中断了三十余年的友谊。

自1980年至1984年为在美国出版思成的英文遗著《图像中国建筑史》，我与慰梅共同努力，奋斗了四年，现在（2004年）慰梅已是八十二岁的高龄，仍然努力着写一本《梁思成传》，把这位中国杰出的建筑史学家介绍给美国人民。费正清夫妇从青年时期开始研究中国至今已有五十多年了，他们和思成的友谊也是在青年时期开始的，至今，我们两个家庭的友谊已有半个多世纪了，这样深厚的友谊，保持在社会制度不同的两个家庭之间，我想在中美关系史上也是不多见的。半个世纪在历史上只是短短的一瞬间，但是在人生的旅途上却是一个漫长的岁月。在这漫长的道路上这两对夫妇为中西文化交流，为中美友谊各自作出了自己

----

① 华罗庚（1910～1985）。教学家，1930年起任教清华大学，西南联大，中科院院士，曾任应用数学所所长，数学学会理事长。他是一位自学成材的科学巨匠。

的贡献。

有一次我对慰梅说："你和正清的中文名字真好，既有中国式的典雅，又与你们的英文名字谐音。原来我一直以为你们是美籍华人呢。""喔！难道你不知道吗？我们的中文名字是思成给起的。"我们相视而笑了。

> 1945年春，为了准备协助美军在我国沿海地区登陆进攻日寇，伪教育部在重庆设立了"战区文物保存委员会"，任命教育部次长杭立武为主任，我为副主任。我在该委员会唯一的工作就是为美国第十四航空队编制华北及沿海各省文物建筑表，并在军用地图上标明。当时该委员会实际上仅有我和秘书郭某（忘其名）二人工作。工作地点是借用重庆中央研究院的一间很小的房间，工作时间前后约两三个月。
>
> 这份表及图制成后，美方收件人是第十四航空队目标发现克门。但当时具体地是由什么人用什么方式送过去的现在已记不清。
>
> 当时中央大学建筑系毕业生吴良镛似曾帮助我做过少量制图工作。莫宗江当时在李庄，始终没有参加这项工作。
>
> 梁思成
> 1968年11月5日

梁思成手书关于战区文物保存委员会的交待材料

劫后

　　思成的文稿，包括《营造法式注释》的稿子，是思成几十年心血的结晶，无论如何也不能毁弃，但又没有办法保存。在万般无奈的情况下，我决定把它们交给家中的保姆李阿姨。她是贫农出身，红卫兵从来不进她的房中去，我告诉她："这些东西以后可以证明梁先生是没有罪的，你一定替我保存好，放在你自己的箱子里面。"她点点头说："我明白"。尔后的几天，每天晚上都有红卫兵来搜查，要我们交出封、资、修的文稿。我一口咬定已被红卫兵抄走了，因为我说不出红卫兵的姓名，往往最后被打一顿。那些日子为了怕"革命群众"更加歧视我，晚上挨了打，白天还要装作若无其事的样子去上班。

　　在我翻箱倒柜地检查是否还遗留下什么"招灾惹祸"的"四旧"时，竟意外地在箱底发现了几件思成母亲的遗物——三个微型的小金属立佛。它们仅有两三公分高，像的面貌及衣褶，几乎磨平，但仍看得出古朴的形态。还有一个微型经卷，它是一个只有五六公分长、二公分宽的小折子，封面写着《佛说摩利支天陀罗尼经》，经文的字迹只有小米粒那么大，我读了一遍，最后的一句："是经能逢凶化吉遇难呈祥广大灵感不可思议。"我感到莫名其妙的是自己当时居然从这句经文得到了一点安慰。

记得有一次，我和一位神父闲谈，我问他在科学发达的 20 世纪，他是否真的相信有上帝？他沉思了片刻告诉我说："当我顺利的时候，我相信科学。但是当我处于逆境之时，当我无论怎样努力也无法解脱自己的苦难时，我希望并相信有上帝。"我当时的心情也和这位神父一样，希望有神的存在，并希望这三个小佛及经卷，是解脱我们家庭苦难的吉祥物。

自从红卫兵抄出了那把"蒋中正赠"的短剑后，思成就被勒令住到系馆去，和外界隔离了起来。那些日子清华园笼罩着白色恐怖，红卫兵疯狂地用皮鞭抽打着罚作苦役的"走资派"……还常常传来某某自杀了的可怕消息，在这个时候逼着思成离家，会是怎样的后果呢？那天他挂上黑牌子，离家前似乎对我又像自语般地低声说："……生当复来归，死当长相思。"我倒抽了一口冷气，这是多么不吉祥的告别语。我拼命压住哽咽的哭腔，紧紧地拥抱着他说："不，你一定会回来的。"看着他的身影在暮色中消失，我不由得望着上苍跪了下来，上帝啊，神啊！你们救救他吧！

我每天下班后立刻回家做饭，然后给他送去。送去的饭几乎又全部带了回来，他吃得很少，每次只吃几口就停下了。我努力在饮食上变点花样，希望能增加他的食欲。一天他拉着我的手小声说："眉，你不要那么费事，有一点面条就行了，有时间你陪我多待一会儿。"我拼命地忍住眼泪，门外的红卫兵已在虎视眈眈地瞪着我。于是我笑了一下说："你还记得毛主席的词吗？'西风烈，长空雁叫霜晨月。霜晨月，马蹄声碎，喇叭声咽。雄关漫道真如铁，而今迈步从头越。从头越，苍山如海，残阳如血。'"我说完，他低声地说："谢谢你。"随后转过身去。两三个月后，学生们要到全国大串联，谁也不愿看守这些走资派，于是把思成放了回来。

不久思成的工资也停发了，我伤心地告诉李阿姨，我付不出她的工资了，她只能另找工作。她呆呆地看着我，喃喃地说："老太太怎么办？梁先生怎么办？没有钱不要紧，等以后再给我好了。"我忍不住痛哭起来，她也哭了，边哭边说："我就是舍不得你们哪。当了一辈子保姆，从来没有见过比梁先生更和气的人了。"我安慰她说，如果有一天我们的情况好转了，我一定再请她回来。我没有失信，1971年我们的情况略有好转时，便写信去请她回来。她背着小孙子到北京医院来看望思成，眼中滚动着泪花，歉意地说她现在被孙子拖累，不能再出来工作了。思成看到李阿姨非常高兴，亲切地问了她不少家庭琐事。李走后，他似乎很满意，并感到慰藉地对我说："她过得不错，是吗？"今天，当《梁思成文集》和《营造法式注释》出版时，我眼前又浮现出李阿姨那双滚动着泪花的眼睛。

对儿女的最大真诚

那时人们已不上班了，但是我和组里的几个所谓的"国民党残渣余孽"却不敢有丝毫怠慢。李阿姨走后，一部分家务便落在我的女儿彤儿身上，但是更要命的是无论我怎样对孩子们解释思成的问题，他们都不大相信，显然他们已从贴在家门口的大字报上似懂非懂地看出爹的问题严重。特别是大字报上多次提到"反党"、"反对毛主席"，对他们震动太大了！从大字报贴出的那天起，我注意到彤儿就不再和思成说话，她好像变成了哑巴。我的男孩儿哲儿也因不能参加红卫兵而苦恼，他尽可能少待在家里。孩子们的这些变化，我和思成都看到了，但谁也不敢说出来。

我知道，家庭的这个变化，对彤儿来说，受到的创伤远比哲儿严重。因为她从小就能自觉地、正面接受党的教育，她是一个"五分加绵羊"的好学生，在学校、在家中她都是一个宠儿。我去农村"四清"时，行前告诉她要关心爹爹，这个小人儿十分听话地去完成我交给她的任务，而且郑重其事地把每周四、六的晚上定为和爹爹的谈心日。思成很尊重孩子，认真与她谈心。这对彤儿的性格爱好的形成都有不小的影响，特别是对人的热情诚实，对工作的一丝不苟。她与思成的感情也是很深的。现在一夜之间，亲爱的爹爹成了"敌人"，她怎么受得了?!

　　一天，她从学校哭着回来说，同学们一看见她，就举起拳头说："打倒梁思成!"天哪!请把一切灾难都降到我一个人身上吧!别再折磨这幼小的心灵了!我必须想一切办法，把孩子从苦难中解脱出来。于是我对彤儿说："不要怕，也不要哭。你再到学校去，谁冲你喊，你就也冲他喊'打倒梁思成!'喊得比他还厉害。"上帝原谅我吧，我们民族文化中的这一糟粕——阿Q的精神胜利法，被我当作法宝传授给孩子，我感到自己犯了罪。但孩子们并没有因此而得到解脱，他们从此成为"狗崽子"，后来又成为"可教子女"，仍然被歧视。

　　我再也无法回避这一问题了，我必须对孩子负责。我对着两个未成年的孩子，感到如同面对着严厉的法官一般。我与他们进行了严肃、真诚的谈话。我力求做到的是，决不对事实做任何粉饰，不让孩子得到任何假象，以免一旦他们知道了真实情况，就会更加刺伤他们的心灵。大字报揭发的问题真真假假，有的问题我相信会得到澄清，有的问题经过群众的分析批判，我略有"认识"，但更多的问题，我持保留态度。我不去隐瞒我与"革命群众"之间的巨大差距。尽管这些问题他们并不大懂，但我尽力向他们毫无保留地谈了。我做好思想准备，孩子会更疏远我们。晚上我与思成都久久不能入睡。第二天当我下班回来，思成出乎意料地告诉我说："彤儿今早推开房门，轻轻地说'爹爹，要一块钱买菜。'"他的眼睛湿润了，我想说点什么，嗓子却哽住了。但是思成与彤儿再也没有恢复以前的愉快的谈心。不久哲儿被分配到山西一个极贫苦的农村去插队，不到一年，同去的十六个孩子都分配工作走了。只有哲儿一人，因为他的继父是全国著名的反动权威梁思成，所以哪个单位都不要他。他一个人孤独地在农村呆了七年，变得更不爱说话了。思成对孩子始终摆脱不了一种负疚感。思成两次住院前后达两年之久，在这期间彤儿把每一个星期日都奉献给爹爹，从未间断。尽管如此，父女俩却常常是相对无言。

没有想到几年之后，彤为申请入团，又触及家庭问题。团组织要求她对"剥削阶级家庭"写一份批判认识。我与彤又进行了一次谈话，这次比上一次涉及的面更广且更深。除了思成的问题外，我对她剖析了自己的人生观与恋爱观，以及我对我与思成共同生活持有的看法和我在处理婚姻与家庭问题上的正确与失误。像这样触及灵魂的交谈，我想不是所有的母亲与儿女都能做到的。我不要求她认为自己的母亲是"最好的"，因为事实远不是这样，但我所能做到的是对待儿女的最大的真诚与信任。

我们就在这样的互相信任了解中建立了母女之情以外的友谊。这个亲密的友谊成为我在失去思成以后最大的安慰，也是我在老年生活中感到的最大幸福。

璎珞的毁灭

有一天，我发现组里的同志们交头接耳，还不时地向我瞥一眼，我立刻预感到发生了与我有关的事。跑出系馆一看，果然贴出了一长列批判系总支委员们"罪行"的大字报，还给每个人画了大幅的漫画像，这些像画得很生动也很逼真。思成虽不是总支委员，但是头号反动权威，自然也少不了他。思成的画像在颈上挂着北京城墙，下面写着："我们北京的城墙，更应称为一串光彩耀目的璎珞了。"这是他在"北京——都市计划的无比杰作"一文中写的一句话。大字报批判他"疯狂地反对拆除封建社会的北京城墙，留恋封建社会，坚持资产阶级教育路线毒害青年。解放前夕去美国讲学是做了一次文化掮客，卖出中国的古建筑，贩回资产阶级的腐朽建筑观和教学制度。"全文不断出现"反动之极"、"罪该万死"等等吓人的字眼。

我回家后把大字报的内容告诉思成，我们都感到有些紧张。他让我把过去写的几篇有关古建保护的文章找出来，他坐在那儿一篇篇地读下去。晚上他对我长叹一口气说："看来文化革命这一关我是过不去了。"我的心立刻紧缩了起来。他又说："我要不读这几篇东西，还好些，读了以后反而更糊涂了，除非古建保护被根本否定。如果现在伟大领袖毛主席说保护古建筑是错误的，倒比较好办，就说明我从根本上错了。如果古建保护的前提是肯定的，我很难认识我的错误所在。我们国家两千多年的封建历史，遗留下来的建筑，当然是为封建社会服务的。保护文物建筑怎么能和'复古主义'相提并论呢？国务院不是还颁布了《全国重点文物保护单位的名单》吗？既然要保护古建筑，就不可避免地要对古建筑的历史、艺术价值进行分析，这就是毒害青年?""北京解放前夕，解放军的代表来找我，就为了万一和谈破裂，在攻城时避免破坏古建筑，他要我在军用地图上标出古建筑的位置，还要我用最短的时间编写一份全国文物建筑的简目。记得他临走时对我说：'请您放心，为了保护我们民族的文物古迹，就是流血牺牲也在所不惜。'这件事对我的震动很大，我对共产党最初的认识，正是从古建筑的保护开始的。我和一些人的分歧，正是对北京城古建筑的保护问题，特别是北京城整体形制的保护和城墙城楼的保留。"

1969 年冬春之交，北京市民为了执行"深挖洞"的最高指示，向城墙要砖。他们从四面八方疯狂地扑向城墙，带着扫除封建制残余的一腔仇恨，无情地破坏着，仿佛拆除了城墙也就是铲除了残留在人民心中的封建思想。

当思成听到人们拆城墙时，他简直如坐针毡，他的肺气肿仿佛一下子严重了，连坐着不动也气喘。他又在报上看到拆西直门时发现城墙里还包着一个元代的小城门时，他对这个元代的城门楼感到极大的兴趣。

"你看他们会保留这个元代的城门吗？"他怀着侥幸的心情对我说，"你能不能到西直门去看看，照一张相片回来给我？"他像孩子般地恳求我。

"干吗？跑到那儿去照相，你想让人家把我这个'反动权威'

的老婆揪出来示众吗？咱们现在躲都躲不过来，还自己送上去挨批吗？"我不假思索地脱口而出。忽然，我看到他的脸痛苦地痉挛了一下。我马上改变语气，轻松地说："告诉你，我现在最关心的是我那亲爱的丈夫的健康。除此以外什么也不想。"我俯下身，在他的头上吻了一下。但是晚了，他像一个挨了批评的孩子一样默默地长久地坐在那里。也许没有人能理解这件事留给我的悔恨与痛苦会如此之深，因为没有人看见他那一刹那痛苦的痉挛。在那一刹那我以为我更加理解了思成的胸怀，但是没有。当我今天重读"关于北京城墙废存问题的讨论"及"北京——都市计划的无比杰作"时，我感到那时对他的理解还很不够。如果当时有现在的认识，我会勇敢地跑到西直门去，一定会去的。

　　1969 年西直门的城楼和箭楼被拆除了。在拆除过程中，意外地在其台基中发现了一座保存完好的砖券洞城门，这是元朝至正十九年（1359 年）始建的元大都和义门瓮城城门。它是明正统元

西直门全景（罗哲文摄）

元大都和义门瓮城（罗哲文摄）

年（1436 年）重建北京内城九门城楼时被埋在新建的西直门箭楼台基里边的。然而，这意外的重大发现，也没有逃脱被拆的厄运，现在，我把罗哲文拍下的这两张照片摆在这里，以慰梁先生在天之灵。

处处都是烟囱

"文革"以来，清华、北大几乎成了"文化革命"的圣地，每天都有几万甚至十几万名红卫兵来串联。学校已经停课，我被指派在系馆门口的茶水供应站工作，于是每天的工作是不停地从锅炉房挑回开水倒入饮水桶中。幸亏在"四清"工作队时练出了挑水的本领，所以尽管累些，倒也还能胜任。

一天晚上，我照常巡视一遍大字报，忽然看到一张新的大字报贴在最显眼的地方，我远远地看到似乎有梁思成三个字，于是赶快走近一看，果然这张大字报有着吓人的标题："打倒国民党残渣余孽，丧失民族立场的反共老手梁思成"。这篇大字报"批判"了四大问题：

一、梁思成在 1966 年 4 月接待法国建筑师代表团时，在女团长的面颊上吻了一下，"丧失民族尊严"；

二、曾出任联合国大厦的设计顾问；

三、担任过国民党"战区文物保存委员会"的副主任；

四、疯狂反对毛主席的城市建设指示。

"疯狂反对毛主席"？这可是第一次上这么高的纲。我吓得心惊肉跳，急忙跑回去告诉思成，问他这都是怎么回事。他说："那天建筑学会宴请法国建筑师代表团，法国的团长站起来致完谢辞，走过来在我的面颊上吻了一下。作为主人，我致了答辞，走过去在她的面颊上吻了一下，这是一般的礼节。"

"那你为什么不按中国习惯握握手呢？"我问。

"什么是中国习惯？"他说。"难道握手不是从西方学来的吗？中国是个多民族的国家，各民族都有自己的习惯，在国内要尊重各民族的礼仪，国际上当然也要尊重外国朋友的民族习惯。如果我按满族习惯就得拂下马蹄袖，一手触地一腿屈膝地请安；如果按汉族习惯就要拱手作揖或下跪叩首，难道要我向她献哈达？这样就有民族尊严？"即使在那样严峻的气氛中，他的这段答辩也使我不由得笑了。

关于联合国，他说："1945 年成立联合国时，宗旨是维护世界和平。后来联合国日益受到美国的操纵，反对中华人民共和国在联合国的合法地位，而保留台湾当局的代表。但是在 1947 年时并不存在这个问题，当初董必武还出席了联合国的大会嘛！"

关于"战区文物保存委员会"，他说："1944 年冬，为了反击日本侵略军，盟军对日本占领区空袭，为了避免轰炸文物建筑，国民党政府教育部设置了'战区文物保存委员会'，杭立武①任主任，我是副主任，唯一的工作就是编制一份沦陷区的文物建筑表，并在军用地图上标出位置。当时为了和盟军配合作战，全部资料用英汉对照两种文字。这份资料我还托费慰梅转交给周总理一份，除此以外没有做任何工作。"停了一会，思成沉痛地说："建国之初，北京市市长曾在天安门上告诉我说，毛主席曾说，将来从这

---

① 杭立武（1903～1991），英国伦敦大学博士，曾任中央大学政治系主任、中国政治学会总干事、中英庚款董事会总干事，教育部部长，曾主持故宫、中央博物院、河南博物院文物运台工作，并曾任台湾驻外使节。

里望过去，要看到处处都是烟囱。当时我没有说什么，但心里很不以为然。我想在城市建设方面，我们应当借鉴工业发达国家的经验。有人说他们是资本主义国家，我们是社会主义国家，而我认为正因为我们是社会主义国家，才能更有效地汲取各国有益的经验，因为只有社会主义国家，才有可能更有效地集中领导，集中土地，才能更好地实现统一的计划。一百多年来资本主义城市建设的经验告诉我们：工业发达必然会带来严重的环境污染问题、复杂的交通问题，城市人口高度集中带来的居住问题、贫民窟问题，等等。英国的伦敦、美国的纽约不都是我们的前车之鉴吗？我们绝不能步它们的后尘。我们为什么不能事先防止呢？'处处都是烟囱'的城市将是什么样子？于是我就老老实实地把我的想法和盘托出。我认为华盛顿作为一个首都，是资本主义国家中可资借鉴的好典型，所以我希望北京也能建成像华盛顿那样风景优美、高度绿化、不发展大规模工业的政治文化中心。北京是古代文物建筑集中的城市，因此它能成为像罗马和雅典那样的世界旅游城市。我发表这些看法并没有想到反对谁。"

　　晚上我看他就"战区文物保存委员会"写了一份交代材料，第二天交给工宣队。他对我说："因为给我的任务范围仅限于我国大陆，不包括日本，所以我提出的保护名单，不涉及日本本土。但尽管如此我还是向史克门建议美军不要轰炸日本的京都和奈良这两座历史文化名城。"1987 年我应费正清夫妇的邀请去他家做客，我们曾谈到思成当年对美军的建议，费氏夫妇第二次世界大战时都是白宫的官员。他们说白宫的高级远东文化顾问兰登·华尔纳，是梁在哈佛读博士学位时的导师，他也提出过这个建议，可以说他与思成的建议是不谋而合。对日本的轰炸是属于美军太平洋战区，不属第十四航空队。所以美国总统杜鲁门签署的命令是下达给太平洋战区的。

那些日子，思成一直在琢磨他的建筑理论与教育思想。他常常和我讨论，因为我是他唯一的听众，他有时翻阅过去写的文章，更多的是在笔记本上写些感想。一天，思成和我系统地谈到他的建筑思想，他说："自从维特鲁威①在他那著名的《建筑十书》中提出建筑的三大要素是'实用'、'坚固'、'美观'以来，已将近两千年了。但是人们对建筑的理解，特别是关于建筑的艺术，就如同哲学和文艺理论一样，从来没有停止过争论……自古以来剥削阶级就是把建筑当作一种艺术。我国古代没有建筑理论方面的专门著述，但是在文学作品，如《阿房宫赋》、《两都赋》、《滕王阁序》中，都可看出是把建筑作为艺术来看待并炫耀的。在西方社会更是把建筑当作一种艺术，到了 17、18 世纪的欧洲，把建筑、绘画与雕塑并举为三种造型艺术，在巴黎的美术学院办起了建筑系。"思成又说："20 世纪 20 年代美国的建筑教育，完全是沿袭巴黎美院的折中主义的那一套，因此'形式主义'在我的脑中也是扎下根的。到了 30 年代欧美的新建筑已蓬勃发展起来。我非常赞赏当时的建筑大师密斯·凡·德·罗②的几句箴言：'建筑是表现为空间的时代意志，它是活的，变化的，不断更新的。''建筑艺术写出了各个时代的历史。'我接受了当时'新建筑'运

---

① 维特鲁威，罗马建筑师，活跃于恺撒时代。著有《建筑十书》，该书约完成于公元前 27 年，为西方古典建筑的经典著作。

② 密斯·凡·德·罗（Ludwig Mies van der Rohe，1886～1969）。他于 1886 年生于德国亚琛。童年即开始随当石匠和泥瓦匠的父亲学徒。在建筑设计事务所工作 3 年后，于 1919 年即开始在柏林从事建筑设计。1930～1932 年任德国包豪斯校长。1937 年到美国。1938 年至 1958 年任芝加哥阿莫尔学院（后改为伊利诺伊工学院）担任建筑系主任。

他的代表作有：巴塞罗那博览会德国馆、伊利诺伊工学院建筑馆、纽约西格拉姆大学，范思沃斯住宅等。

他的主要贡献在于通过对钢框架结构和玻璃在建筑中加以应用，提出灵活多变的空间流动理论，创造出简洁、明快而精确的建筑形式，把建筑与技术统一起来。

动提出的理论，因此也具体地应用到北大女生宿舍（现为《求是》杂志社宿舍，在北京沙滩）和地质馆（现为法学研究所，在北京沙滩）的设计中去。在这两个建筑的外形设计上，不采用折中主义的形式，而是从建筑的功能出发，采取了几何形体。"

思成认为到了 20 世纪 30、40 年代，在西方新建筑飞速发展的同时，我国的建筑也在迅速地向"全盘西化"方面转变。但是他认为建筑是有民族性的，它是民族文化中最主要的表现之一，也可以说是民族文化的象征。他之所以投入主要精力研究古建筑也是为此。思成的研究越深入越感到我们这样一个东方古国的城市，在建筑上完全失掉自己的特性，在文化表现及观瞻方面都会是十分痛心的。

思成说："我认为尽管在科学技术上采用西方的先进成果，但在中国的新建筑上应体现中国精神。我为仁立地毯公司（原在北京王府井大街，现已被拆除）设计的铺面房就是基于这个思想，作了一点探索。那个时期我反对采用'宫殿式'的形式（即现在的大屋顶），因为从近代建筑理论立场来看'宫殿式'结构，已不合乎近代科学与艺术的理想，由于造价高，也不适用于中国一般建筑，所以也不能普及。""20 世纪 40 年代末，我在美国考察时，国际上新建筑理论又有了发展，我深感我国在建筑理论上的落后。回国后，我把这些理论贯彻到教学中去。但 50 年代初在开展爱国主义思想教育运动中，批判了崇美思想，把这些新建筑理论和我修订的教学计划，统统算在美帝的账上给批掉了。"

"我第一次看到莫斯科大学建筑系的教学计划和教学大纲时感到十分吃惊，因为它仍旧是沿袭巴黎美院学院派的传统教育体制。但是当时正是学习苏联的高潮，认为一切苏联的经验都是先进的，便把它照搬了过来。"

"我承认对党的教育方针，在某些方面我也有不同的看法。院系调整时，把综合性的清华大学改为工科大学，我觉得可惜，这是和我的'通才'教育思想相抵触的。反右时，我对钱伟长[1]'理工合院'的论点十分赞同，后来钱伟长被划为右派，批判他'理工合院'的观点是反对党的教育方针，我就再也不敢发表这个意见了。但在思想上、理论上并没有触动我的'通才'思想，致使我后来又写了"谈博而精"的文章继续放'毒'。现在群众批判我不是培养'专家'，而是培养'杂家'，把青年引向歧途。但是从建筑人才的培养看，我仍认为建筑师需要有丰富的外围学科知识。"

"当时我也深感不解，怎么斯大林提出的民族的形式、社会主义的内容的建筑和我 1920 年代在宾大所学的那一套完全一样呢？我自己的解释是：苏联建筑与欧美折中主义建筑之不同，主要在'内容'上。但是在建筑上'社会主义的内容'和'资本主义的内容'究竟有何区别，我之所以说不清，是因为我不懂得什么是社会主义，将来我懂得什么是社会主义时，自然就会懂得什么是社会主义的内容了。就这样我把这个深感不解的问题'挂'了起来，不了了之。"

思成又说："我学习了毛主席的《新民主主义论》，对于新民主主义的文化应是'民族的形式，新民主主义的内容'这一提法，感到很受启发。我想我们新中国的建筑也应该是具有'民族的形式，社会主义的内容'。我认为过去研究的那些古建筑，它们的形式就是'民族形式'，至于'社会主义的内容'，则我既不了解什么是社会主义，也说不清在建筑上哪一部分才算是'内容'。

---

① 钱伟长（1912~2010），江苏无锡人，早年毕业于多伦多大学应用数学系，大学教授。1949~1983 年曾任清华大学教授，副校长，中科院力学所副所长、自动化所所长。1983~1987 年任上海工业大学校长。1987~1994 年任全国政协副主席、民盟副主席。曾当选中科院学部委员。1957 年被错划为右派分子。

这一直是梗在我心中的一个问题。"

"还有一个使我从心底信服苏联的'民族形式'理论的重要原因，就是莫斯科的美。那统一考虑的整体，带有民族风格美丽的建筑群，保护完整的古建筑，再和英美城市的杂乱无章相比，使我深刻体会到社会主义的优越。所以我也就努力学习苏联，提倡'民族形式'——'大屋顶'了。"

"我承认，在我所受的教育中，'形式主义'、'唯美主义'的思想影响很深。但是在 1930~1940 年代我是反对普遍建造'大屋顶'的，为什么到了 1950 年代，我反而积极地提倡搞'大屋顶'呢？我想有两个原因。在客观上受当时'学苏'、'一边倒'国策的影响。解放初期，从'知识分子思想改造运动'开始的一系列政治运动中，无一不批判'资产阶级建筑观'。我这个资产阶级学者，自然是'众矢之的'。在带有政治压力的学术批判下，使我多少盲目地把过去形成的'建筑观'否定了，认为那些全是资本主义的'建筑观'，而把苏联搞的'复古主义'、'折中主义'这一套作为'新事物'、'先进经验'照搬、照学了过来。主观原因则是由于我从事多年的古建筑研究，对古老的建筑形式有很深的偏爱，认为人们反对大屋顶，是因为他们缺少文化历史修养，有'崇洋'思想。但是 50 年代初所盖的'大屋顶'建筑，却很少能达到我所想象的'美'的标准，使我对'大屋顶'越来越灰心——就是说，对'大屋顶'这一古代的建筑造型，是否适用于现代新建筑产生了疑问。怎样在新建筑中表现我们民族的精神这一问题，经过 1955 年到 1959 年的实践，又提到日程上来。在建筑创作上出现了一系列有待解决的理论问题。"

"1959 年 3 月建筑学会决定把总结各地重点工程经验（即十年大庆的重点工程）作为主要的内容，讨论在建筑创作上出现的各种问题，并于当年 6 月在上海召开'住宅建筑标准及建筑艺术问题座谈会'。我因参加全国人大与出席世界和平理事会，到达上海时，'建筑艺术座谈会'已经开始四天了。这次会上各地代表都作了踊跃发言，就建筑理论中的一些基本问题，如构成建筑的基本要素——功能、材料、结构、艺术形象及其相互之间的关系；建筑的形式与内容的问题；传统与革新的问题等交换了意见。我因为迟到了几天，所以先听听别人的发言，我是最后一个发言的。由于1955年对我的批判，所以全国的目光都集中在我身上。是保持沉默停止前进？还是敷衍潦草不说真话？这些我都办不到。我阐明了我对传统与革新的看法，提出'新而中'的创作论点。1961年又在这一基础上写了"建筑创作中的几个问题'①。"

"如果一定要用简单的语言表达我的建筑观，那么仍旧是我在《拙匠随笔》中说的，即建筑学是包含了社会科学与技术科学及美学的，一门多种学科互相交叉、渗透的学科。"

"我很苦恼，我常想如果再让我从头学一遍建筑，也许还会得出这样的结论。难道真的要带着'花岗岩'脑袋去见上帝？我后悔学了建筑这个专业。"

---

① 在这篇文章中梁思成除了谈到建筑的艺术特性、传统与革新等问题外，还把继承遗产概括为"认识—分析—批判—继承—革新"这样一个过程。

回顾

　　红卫兵三天两头对思成和我"训话"。一天他们对我说："你要考虑一下，怎样和他彻底划清界限，是跟毛主席走，还是跟'反动权威'走，限你三天内作出选择。"他们又明确地命令我同思成离婚！这不能不使我思绪万千，它使我想起了同思成交往近二十年来的一切，也迫使我去了解并思考思成毕生的事业。也许要感谢这位红卫兵，因为如果不是他的"命令"，我就不会这样冷静地回顾思成的一生，并去认识他的价值。当时我做的更多的只是昏头昏脑地努力跟上群众的步伐，拼命去认识他的"罪行"。

　　三天后，红卫兵并没有来听我的选择。大约一年后工人宣传队的一个队员，又向我做了善意的劝说，指示我划清界限——离婚。那时我已不怕他们了。我审视了自己对婚姻的准则：坦诚、理解、信任、宽容、责任。我与思成之间没有任何隐私，我们做到了坦诚，正因为我们互相如此真诚，因此得到了互相的理解与信任，我包容他的任何错误。因此我也就有责任与他共同承担家庭的任何不幸。离婚？不！

　　大约有一周的时间，我跟着思成回忆他的前半生，寻找他的"罪行"。这次延续了几天的交谈与回顾，对我和他都是重要的。

思成认为，从美国回来到 1937 年这一段时间，他有意识地避开与政界人物的接触。这个时期，思成的社交范围除了前面提到的清华、北大的一些教授外，还有林徽因的一些作家朋友：沈从文、徐志摩、萧乾、卞之琳、何其芳、陈梦家等；学术界的一些朋友：傅斯年、李济、董作宾等也常有来往。此外，就是建筑界的同行杨廷宝、陈植、童寯、赵琛①、鲍鼎②等人了。

朱启钤③办营造学社的头两年，学社和日本人有过相当频繁的来往。思成于 1931 年到学社，对日本刻骨仇恨，所以坚决反对和任何日本人接触。另一方面，他和美国人的来往渐渐多起来，有研究中国古代艺术史的学者史克门、纽约大都会博物馆的詹恩和美国著名建筑师斯泰因及美国领事馆的一些官员等。那时对美国是帝国主义毫无认识，反而认为美国是民主、自由、扶持弱小民族的友好国家。到了 1950 年抗美援朝运动，经过学习才认识了美国的帝国主义本质。

---

① 赵琛（1898～1978），字渊如，江苏无锡人。

1911 年入清华学校，1923 年获美国宾夕法尼亚大学建筑系硕士学位。此后在美国工作三年后于 1927 年回国从事建筑设计工作，并从 1930 年起开办建筑设计事务所，1932 年始称华盖建筑师事务所。在 1952 年停业前该所设计的工程项目近 200 项。解放后曾先后任华东建筑设计公司、建工部中央设计院总工及华东建筑设计院副院长兼总工。

② 鲍鼎（1899～1979），字祝遐，又名宏爽，湖北蒲圻人。

1918 年毕业于北京高等工业学校机械科，1932 年获美国伊利诺大学建筑系硕士学位。1933～1944 任中央大学建筑系教授、系主任。1945 年任武汉市城市规划委员会副主任。解放后，任武汉建设局局长、城建委副主任等职。

③ 朱启钤（1872～1964），字桂莘，贵州开阳人，晚年号蠖公。光绪举人。1903 年任译学馆监督，1905 年任京师内城巡警厅厅丞。1911 年任京浦路督办，1912 年任北洋政府交通总长，1915 年任内务总长。1917 年脱离政界，经营山东煤矿，并主持开发北戴河，1919 年发现宋《营造法式》一书，1925 年个人出资创办营造学社，1930 年 2 月正式成立中国营造学社，亲任社长，1946 年学社解散。解放后，任中国文史馆研究员，兼任古代文物修整所顾问。

思成沉痛地说："过去我一直认为自己是清白的，我热爱祖国，热爱祖国的文化遗产，我没有从父亲那里继承一砖一瓦、一张股票的遗产，我的经济来源完全是靠我的工资收入。我回国后没有去走发财的路，这条路对我是很容易的；而去创办了东北大学建筑系。为研究保护祖国的文化遗产，我愿献出一切。但是回顾从1928年到'七七事变'前夕这一段时间，正是我国进入彻底的民权主义革命的时期，对外要推翻帝国主义，求得彻底的民族解放；对内要肃清买办阶级在城市的势力，完成土地革命，消灭乡村的封建关系，推翻军阀政府。这个时期红军完成了震撼世界的二万五千里长征，而我却一心想着要赶在日本学术界前面，写出自己的建筑史。我想赶快把这些古建筑测绘下来，以防万一日本帝国主义的铁蹄从东北踏入华北内地，一旦战争爆发，这些宝贵的建筑遗产的命运就难以预料了。我很惭愧，在我们民族的解放运动中，我没有贡献自己的力量。"

抗战期间学社在西南恢复了工作，但经费困难。1940年庚款来源断绝以后，思成每年都要到重庆去一两次为学社筹措经费，每次都要乞求教育部或财政部，因此接触的党政首脑人物也就多了起来，有陈立夫、朱家骅、孔祥熙等，但和他们的关系也仅局限于学社的经费问题。当时中央美术学院曾一度没有院长，教育部想让他去，他辞谢了。后来闻一多在昆明被刺，朱家骅曾要他代表教育部到昆明去"善后"，他因为一向和教育部没有关系，更是义正严辞拒绝了。

思成回忆了抗战时期的一段生活与工作后对我说："过去虽然我自认为对美帝国主义没有认识，但对日本侵略者我是恨之入骨，为了抗击侵略者，为了保卫祖国，我愿作出任何牺牲。但我不是军人，我无能为力。现在群众批判我在抗战期间龟缩在后方，抱着几座封建迷信的庙、塔、墓、窟为'奇货'，苟且偷生，干着

'把中国引向黑暗'的罪恶勾当，这样的批评，我还很难认识，也难以接受。不过我承认，我没有想到投笔从戎，这使我感到很愧疚！很愧疚！"思成沉思着说："什么叫'文化买办'？我认为学术是没有国界的，任何一个民族都不应拒绝外来文化，一个民族只有接受了外来文化，本民族的文化才能更加发扬光大。如中国的佛塔，本非中国固有的建筑形式，但它从印度传入后，仍以中国的风格，造成成熟的中国特有的艺术而驰名世界。'文化买办'？在我心中翻来覆去地想了不止一天，仍然得不到答案，真难哪！我不愿口是心非地写假检讨，我希望把我的观点摆出来和大家讨论。"

我吓了一大跳，我的天！他要是真的把这些思想和盘托出去和学生们讨论，那岂不马上就被扣上"向无产阶级专政反攻倒算"的罪名吗？我紧张极了，千叮咛万嘱咐地告诉他这些话只能在家里说说，万万不可对外人去说。他看我这么紧张，不禁温和地一笑说："你真是'反动权威'忠实的老婆。"过了一会儿他又说："眉，也许你和孩子们还是离开我好，特别是两个孩子，我总觉得对不起他们。"

想起孩子，我的心都碎了，我相信早晚会有这么一天，孩子们会来向我告别："妈妈，我们必须离开你，离开这个'反动'的家。"假如这一天真的来临，我又能说什么呢？我不敢往下想。

当时我们已被取消了阅读《参考消息》的资格，一个朋友告诉我说，《参考消息》上报道某音乐家"叛逃"美国的消息。我把这个消息告诉思成，他听了后十分吃惊，睁大了眼睛说："这消息可靠吗？"消息可靠与否我不知道，但我很想知道他是怎样想的，于是问他："如果有可能，你愿意到国外去吗？"

"离开中国？不！1947 年我离开美国回国前夕，费正清夫妇和一些美国朋友对我说：'共产党要来了，你回去干什么？'他们劝我把全家接到美国。我说：'共产党也是中国人，他们也要盖房子。'我还是坚决回来了。多年来我感到幸福的是国家需要我，因此我心甘情愿地为祖国奉献一切。特别是在广州会议（1962年3月2日周总理在广州召开的科学工作会议和文艺创作会议上作《关于知识分子问题的报告》，这一报告批判了1957年以后出现的'左'的倾向，重申了我国知识分子绝大多数已是劳动人民的一部分的观点）听了周恩来总理和陈毅副总理的讲话，我深受感动。我毫无保留地把我的全部知识教给我的学生们，没想到因此我反而成为社会主义建设的罪人。"他定睛地看着我，那双满含着痛苦的目光使我不忍再看。接着他低下头沉痛地说："如果真是社会主义建设的需要，我情愿被批判，被揪斗，被'踏上千万只脚'，只要因此我们的国家前进了，我就心甘情愿。到外国去？不！既然连祖国都不需要我了，还有什么生活的愿望？世界上还有比这更悲哀的吗？我情愿作为右派死在祖国的土地上，也不到外国去。"

思成啊！你对祖国的赤子之心，在我的心中激起了怎样的浪花！

梁思成为祖国贡献了毕生的精力、智慧和才华。虽然他没有扛起枪干革命，去杀敌人，但他仍不失为一个高尚的人、无私的人。如果说1962年我同思成结婚后，由于我们在年龄、学识和生活经历上的差异，许多人不理解也不赞成我们的婚姻，如果说在巨大的社会舆论压力下我多少感到过惶惑的话，那么，几年的共同生活已使我更了解他、更认识他的价值。我庆幸自己当年的决定，并感谢上苍为我安排了这样一个角色。我在那惊慌恐怖的日子里，感受到幸福与骄傲、安慰与宁静。

我深信历史会说明一切，可能我等不到这一天，也许我会和他一起被红卫兵打死；也许我会被兄妹疏远；也许会被子女抛弃；

也许会被朋友们拒绝。但是，我不能虚伪，不能回避，既然今天我更加了解了他，更加认识了他的价值，我唯一能做的，只能是诚实地把绞索套在自己的脖子上。

1966年的"十一"，是新中国成立以来思成第一次没有被邀请参加国庆节的晚会，孩子们很高兴第一次和爹爹一起共度国庆节。

清华大学的造反派头子蒯大富，已经成了赫赫有名的大人物，因此清华的地位也提高了。国庆节在清华的西操场设了一个烟火点，人们都拥向西操场。我们没有到人群中去，只带着孩子到小学校的操场去看烟火。思成开始很沉默，但是等到烟火一开始，随着五彩缤纷的火花腾空而起，似乎一切烦恼都被驱散了。在这方圆近五千平方米的操场上仅有稀稀落落的十几个人，他们多半是一些住在附近的老教授。我们感到兴奋与舒畅。孩子们注意着随烟花飞上天空的降落伞，盼望它落下来，他们奔跑了大半个晚上仍以失望告终。这是思成在新中国成立以来唯一的一次，也是最后一次与家人共度国庆节。

1966年10月28日晚，我正在打瞌睡，思成忽然推醒我说有重要消息。我听到播音员正在用激动的语气说："……导弹飞行正常，核弹头在预定的距离，精确地命中目标，实现核爆炸……。"思成站在我对面兴奋地说："我们成功了，成功地进行了导弹核武器的试验。这几天的《参考消息》一定很热闹，可惜我们看不到。真想知道国外的反映，对他们震动一定很大，真了不起。我们的国防力量大大地加强了，真了不起。"他高兴得不知该说什么好了，完全忘记了自己的倒霉处境。

我翻阅着思成最后几年用的一个笔记本，有几行字，它们用红笔打了破折号。

"1966年10月27日，我国成功地进行了导弹核武器的试验。

导弹飞行正常，核弹头在预定的距离，精确地命中了目标，实行核爆炸——"

接着后面又出现了一个又一个的破折号。

"1966 年 12 月 28 日，我国西部地区又成功地进行了一次核爆炸——"

"1967 年 6 月 17 日我国第一颗氢弹爆炸成功——"

"1968 年 12 月 27 日，我国在西部上空爆炸了一颗氢弹，成功地进行了一次热核试验——"

"1969 年 9 月 23 日，我国成功地进行了首次地下核试验——"

"1969 年 9 月 29 日，我国在西部地区上空成功地进行了一次氢弹爆炸试验——"

"1971 年 11 月 18 日，我国在西部地区进行了一次新的核试验——"

思成最高兴的是听到我们国家的各项成就，他把重要大事记下来也是自然的事。

他的这个笔记本，我已经读过不知多少遍了，里面记录了他多少的辛酸与苦闷，自责与申辩。当时有不少干部被视为反革命分子被揪斗，往往就是因为他们在笔记本中写下了自己的真实思想。由于当时红卫兵可以随时闯入家来乱抄，所以我非常害怕，一直告诫他不要写，免得招惹是非。现在这不多的几页笔记我怎样也读不够，它带我回到他的身旁，我又听到他的倾诉与彷徨。过去我读这本笔记从没有注意这些无关紧要的破折号，这无非是新闻报道的摘录。今天这一个接一个陆续出现的破折号引起了我的注意，我听到了隐藏在这些新闻报道后面，他想说的话。是的，正是这一个接一个的核爆炸，使他感到国家的日益强盛，使他坚信毛主席领导的正确，因此他也毫不怀疑这场"文化大革命"的正确与必要，致使他钻进这个自我批判的死胡同，再也绕不出来。

事态的发展使我们越来越跟不上形势。报上逐步公开批判国家主席刘少奇是党内头号走资本主义道路的当权派。清华园早已贴出了打倒刘少奇的大字报。上海的工人成立了革命造反总司令部，掀起了"全面夺权"的"一月风暴"。不久又掀起了"反击二月逆流"的浪潮，老一辈革命家李富春、李先念、陈毅、徐向前、聂荣臻、叶剑英等等全成了严重反党事件的成员。我们拼命地读着各种革命组织散发的首长讲话，但我仍不能理解，为什么尽管都是在共产党领导下，似乎一夜之间一切全成了修正主义的了，而什么是无产阶级的社会主义？除了惊人的口号和空洞的宣言外，就是"和十七年对着干"。

汉代铜虎图片

摧残

群众逐渐形成了势不两立的两大派。思成是头号反动权威，不管哪一派都要揪斗他，往往一"坐飞机"就是三四小时，或是大半夜。他对此不但不气愤反而高兴，因为他天真地认为这是学生们不再打内战，开始听毛主席的话，搞"斗批改"了。他以为他百思不得其解的——什么是"无产阶级教育路线"的问题快得到解答了。

然而一次又一次的批斗，使他的健康明显地恶化了。在一次批斗会后，他的身体彻底地垮了。那是一次批斗系总支书记刘小石的会。主攻对象是刘小石，梁思成只是陪斗。在批斗会进行到一半时，很受思成器重与爱护的一个学生走上了讲台，他自称早在"文革"前夕就收集整理了梁思成的反党言论上报党委。他揭发批判刘小石，说在他们整理的梁思成的材料中，刘小石把一些关键的"反动"言论给删去，包庇了"反动权威"。那天晚上我扶思成上床时，发现他极度的虚弱，还有些颤抖。他喃喃地说："没有想到啊！真没有想到啊！"

在"文化大革命"开始不久，他的一个"徒弟"由于对运动表示了不同的意见而受到了严厉的批判时，他就常常对我说："我真后悔找了几个年轻人来当助手，原想把我的学识更好地传授给他们，没想到反而害了他们。'梁思成的大弟子'这个臭名，他们要背一辈子，我对不起他们，我真后悔！"

"文革"不久，高干医疗制度就取消了，清华校医院又因他的医疗关系不在清华而拒绝给他看病。不得已，我只好带他到北医三院去。我永远感谢给他看病的陈世吉大夫，当他看到病历上"梁思成"三个字时，并没有像有的人那样蔑视他，而是低声地向他的助手说："他是一位建筑学家，常常在报纸上发表文章的。"他仔细给思成检查，并找了几位大夫来会诊。整整一个上午，我看他们反复地听着量着，看着各项检查的结果，低声地议论着。我紧张到了极点。最后，陈大夫把我找到一边轻轻地说："他患的是心力衰竭，很危险。你能设法让他住院吗？""住院？"我愣住了，紧紧地咬住哆嗦的嘴唇。陈大夫会意地点点头说："这样吧，我们保持密切的联系。以后你不要再带他来了，他必须卧床。"当他知道我们家里有血压表、听筒和注射器时很高兴，要我每天给思成量血压、数脉搏，做好记录，定期来取药，他还详细地告诉我那些药的服用方法及注意事项。他特别叮咛我千万要防止思成感冒。从此，我不仅是他的妻子、保姆、理发师，又多了一项职务——护士。这样我一直保持着和北医三院几位大夫的联系，直到1968年11月周总理直接过问了思成的情况，才把他送进北京医院。

1967年清华的"文革"领导小组通知我，限三天内全家搬到北院一间24平方米的房子中去（这是我们1966年以来第三次搬家）。1967年2月，寒冬还没有过去，我去看了那间房子，一进门就让我不寒而栗。阴暗潮湿的房间，因为一冬没有住人，墙上、地上结了厚厚的一层冰霜，这对思成的健康将造成致命的后果。我们又一次卖掉"多余"的家具。最苦恼的是大量的书怎么办呢？我们一个书架一个书架地整理，这些书过去我没有时间细看，很多外文书，我更是看不懂，现在要决定弃留就必须认真地挑选。在清理图书的时候，在书架上翻出一个厚厚的牛皮纸的大封套，打开一看，呀！全是一些精美的塑像和小雕塑品的图片，这是思成多年研究雕塑史收集的资料。

我们暂停了书籍的整理，坐下来欣赏这些图片，有一对汉代铜虎的图片吸引了我的注意，铜虎栩栩如生，它的头、身、尾、爪没有一处不显示出力量的美。思成拿在手上赞叹不已，情不自禁地对我说："你看看，眉，你看看多……""美"字刚要脱口而出，忽然想起这是当前犯忌讳的词，于是立刻改口说："多……多么有'毒'啊！"我们不禁相视大笑起来，这是我们"文革"以来第一次欢笑。1987年我在美国哈佛大学的佛格博物馆亲眼见到了这一对珍品，我的耳边又响起思成的赞语："你看看，眉，你看看多……多么有'毒'啊！"

我把一部分贵重的建筑书刊整理出来，请求暂存在建筑系资料室。"文革"小组的那个人瞪起眼珠怒视着我说："把资料室当成你们家的仓库？不行！""那么我把书卖掉，请你在这张申请上签字，以后别说是我销毁了批判材料。"我说。他气极了，但只好一挥手说："先放着吧。"武斗期间系馆成了据点，这些书被撕毁并丢失了大部分，所余无几，后来我把它们送给了系图书室。其他的书，包括一套英文的《哈佛古典文献全集》，一套《饮冰室文集》只好全部送往废品收购站。为了准备答复红卫兵可能提出的质问，当晚我在笔记本中作了这样的记录："为了处理那些封、资、修的书籍，雇三轮车拉了一整天，共运45车次，计售人民币35元。"

我把一间小厨房收拾出来给老太太住，但是我和思成及两个孩子（已是大男大女）怎样安排在这间24平方米的小房子里，真是个难题。我拿着房间平面图及按同一比例尺制成的必不可少的几件家具的纸片，在图上摆来摆去，怎样也安排不下。这时思成的建筑师才能得到了最后一次发挥，他很快地用书架柜子组成了隔墙，这样就出现了我们的"卧室"；还有一个供他写检查的书桌；然后是男孩、女孩的安排。小小24平方米奇迹般地出现了秩序井然、分区明确的"小规划"。我们搬进北院的当天，突然来了寒流，气温降到了－10℃。虽然炉子一直燃着，但室温还是处于0℃左右。正在这时，"砰，哗啦"！"砰，哗啦"！连续数声，窗上的玻璃一块块全被砸碎了。我和孩子们在大风中急忙糊上报纸，但怎样也贴不住，糨糊一抹上很快就冻成冰了。室内温度急剧下降，－2℃、－3℃、－5℃。我们奋战了两小时，在风势略小时糊上了纸。我彻夜未眠，不停地往炉子里加煤，并为思成不断地更换热水袋，但他还是感冒了。这样的"游戏"，后来隔几天就发生一次，直到春暖花开的时候。他仍在顽强地同疾病搏斗着。

清华两派的对抗，已经发展到了武斗、你死我活的地步。中央曾告诫两派的头头们如果不停止武斗，就停发全校员工的工资，但武斗仍未停止，于是全校停发了工资。一天晚上，一阵猛烈的敲门声后，闯进来四五个戴着"井冈山"红袖箍的彪形大汉，他们自称是"井冈山"总部的人，带着手枪和匕首，我的心猛烈地跳了起来。

他们把我推向一边，直冲思成而去，为首的一个指着思成问："现在全清华的革命群众都在挨饿，你知不知道？"

"我……我听说停发工资了。"思成说。

"你打算怎么办？现在是看你的实际行动的时候了。"

"我……我愿尽我的力量……我们的家务是林洙管，我……我不知道家里有没有钱。"

"放屁！你没有钱，谁有钱？你每月三四百元的收入，全是人民的血汗钱，你知道吗？现在你哭他妈的哭什么穷？你对革命群众是什么感情！"他抬起手给了思成一个耳光。思成晃了一下几乎摔倒，我冲过去扶住了他。

这伙人进来时我吓得要命，不知道他们想干什么。等定了定神听明白他们的来意，注意到他们中有一个人，始终把在门口张望。我觉得他不像好人，因为我们系"井冈山"的头头已经在前一天找过我，要我们捐钱为低工资的职工发一定的生活费。由于思成的工资早已停发，存款也已没收，我手边仅仅余下每次搬家卖家具的两百多元，我把它上交了。我断定这几个不是好人。我想起"邪不压正"这句话，它给了我胆量，于是我对他们说："我们系'井冈山'的负责人昨天来过了，我已经把所有的钱都给他们了，隔壁的老刘可以作证。"

"你们要是没有现金，其他东西也可以。现在有些人家都揭不开锅了，你们知道吗？现在是给你们一个将功赎罪的机会，这是考验你们的阶级感情。"真不知道当时我从哪儿来的胆子，竟敢对着他们说："我不信，在我们社会主义国家的首都，怎么会饿死人，你这是对社会主义的污蔑。据我所知'井冈山'和'414'总部（'文革'时期清华对立的两派群众组织），他们已经在设法解决群众的困难。再说北京市革委会、党中央更不会不关心清华。梁思成早就没有工资了，存款也没收了，你们既然是总部的，难道不了解这些情况？我没有任何金银首饰，所有值钱的东西早在抄家时抄走了，不信你们搜好了。你们是总部的人，为什么白天不来，晚上来？"我的话大大地激怒了他们，其中一人举起手中的皮鞭开始抽打我。这时思成忽然猛扑过来说："你们不能打人……你们凭什么打人?！……"只见他脸色发青，呼吸困难，连连喘气。我拼命地大喊："救命！救命！打死人了！"这几个人慌了，冲我说："好！你不是说我们白天不敢来么？明天中午十二点你等着我们。"于是匆匆地走了。

后来我听说那几天晚上，很多教授都遭到经济上的勒索。

第二天早上，天空阴沉沉的，不久就下起瓢泼大雨。我带着恐慌的心情，等待着昨夜的几个歹徒，思成坚决要我离开家里，由他一个人来对付他们，我自然明白他的考虑，我也就更加一步也不肯离开他。到了黄昏时分，我更加紧张了，思成的身体是绝对经受不起再一次的折腾了。我决心冒雨到中关村去找小妹妹的爱人，求他来陪我们过一夜。这天清华已被几万名"工人宣传队"（简称工宣队）团团围住。我离校门还有二三十米的地方，就看见十几名工宣队的队员把住校门，在严格地盘查出入的人员，于是我又折回家来。

雨下得更大了，这一天是 1968 年 7 月 27 日。

这是梁先生"文革"初期留下的工作照

留做反面教员

工宣队进校不久，又进驻了大批解放军，逐步控制了局面。于是从清理阶级队伍开始，展开了全面的斗、批、改，被审查的对象主要是资产阶级学者（正副教授）："走资派"（各级干部）及有历史问题的人；还有在"文化革命"中犯了严重错误的"现行反革命"。每天上午我们都要手捧"红宝书"读毛主席语录或"老三篇"，并且要结合学习心得谈自己的体会。我的发言永远是怎样又进一步认识了梁思成的错误之类空洞的话。这当然引起工宣队的不满，他们尖锐地批评我：不交待实质问题，想蒙混过关是不行的。

学习班每天排得满满的，谁也不许请假，我因家里有重病人，每天回来都要搞得很晚才能休息，思成感到痛苦极了，他已经有两年多被排斥在群众以外，可怕的孤独感不断向他袭来，他每天都在被社会所弃绝的屈辱中挣扎着。

虽然他不能参加学习班，但学生们不会忘记头号反动权威。他们兴致来了就会跑到家里来，让他站在门口，当着街坊四邻坦白自己的罪行，并在大门上贴上"狗男狗女"之类人身侮辱的对联。北院的房子阴冷得可怕，思成常常把毛毯披在身上保暖。一

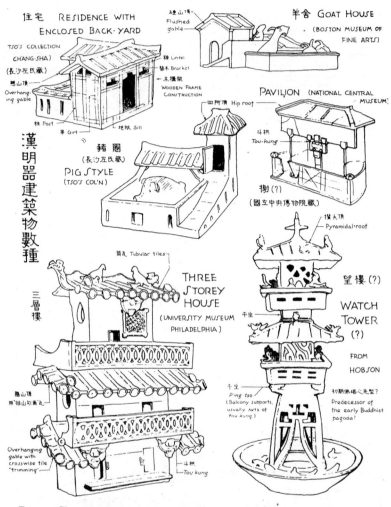

汉字 RESIDENCE WITH ENCLOSED BACK-YARD
TSO'S COLLECTION CH'ANG-SHA)
(長沙左氏藏)
懸山顶 Overhanging gable
柱 Post
串 Girt
地栿 Sill
楣 Lintel
替木 Bracket
一木構架 WOODEN FRAME CONSTRUCTION
硬山顶 Flushed gable
羊舍 GOAT HOUSE
(BOSTON MUSEUM OF FINE ARTS)

漢明器建築物數種

豬圈
(長沙左氏藏)
PIG STYLE
(TSO'S COL'N)
四阿顶 Hip roof

PAVILION (NATIONAL CENTRAL MUSEUM)
斗拱 Tou-kung
榭(?)
(國立中央博物院藏)

三層樓
简瓦 Tubular tiles
THREE STOREY HOUSE
(UNIVERSITY MUSEUM PHILADELPHIA)
懸山顶 用"排山勾滴瓦
Overhanging gable with crosswise tile "trimming"
斗拱 Tou kung

攢大顶 Pyramidal roof
望樓(?)
WATCH TOWER (?)
FROM HOBSON
平坐 Ping tso (Balcony supports, usually sets of tou kung)
初期佛塔之先型? Predecessor of the early Buddhist pagoda?

CLAY FUNEREAL HOUSE MODELS, HAN DYNASTY

汉明器建筑物数种   梁思成 绘

天学生来了，看到他的样子很可笑，因此强迫他披着毛毯，站在大门口交待罪行，然后绕着房子周围走一圈，于是哄笑着散去。那天我回去看见他坐在那里发抖，我已经从学生那里知道了他们

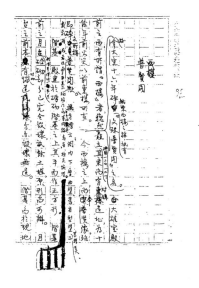

梁思成手迹

的恶作剧。显然他一眼就看出我知道了发生的事。他颤抖着嘴唇，半天才说："眉！只要你和孩子没有看见，他们怎么对待我都可以。"我一下扑倒在他的怀里，泣不成声。我在心里说，年轻人啊，年轻人啊，你们知道自己的行为对这个生命垂危的学者，在精神上造成了多么惨重的创伤么！

　　一天，我下班回来看见家里有一大群人，显然是军宣队和工宣队的头头们。我很吃惊。他们走后，思成十分激动地告诉我说："这几个人是学校革委会的正副主任和委员，和我谈话的人是董主任，他是8341部队的，他先告诉我，我写的材料周总理全部都看过了，他一再向我解释毛主席和党的政策，一再告诉我党的给出路的政策，要我相信群众相信党。同时他们还详细地了解了我的生活情况和健康状况。他还问我愿不愿意住院，我说要问林洙……我说我渴望能参加学习，但我已失去户外活动的能力，如

117

果什么时候开会批判我，我希望能去参加，我虽然走不动，但我爬也要爬去。董主任答应下次批判会，让学生用车来接我去。"果然再开批判大会时，几个学生找了一辆全清华最破的手推车，让他坐在上面，像耍猴似地推到会场。后来一个平时比较接近他的学生说："梁思成说想来参加批判会，这是哗众取宠，想讨好群众。"我听了很痛心，他哪里能体会精神上的绝对孤独，对一个知识分子来说，那是比死亡还难以忍受的痛苦哇。

虽然北医三院的大夫一再告诫我要他注意休息，千万不能再感冒，但是红卫兵想怎么斗他就怎么斗，除此之外还得不停地写交代材料，短短的三个月他写了约四百多页的材料，主要的内容有：（1）他和北京前市委的关系；（2）1949 年以前的主要工作；（3）1949 年以前的社会关系；（4）建筑学专业的历史沿革；（5）创办清华建筑系的历史背景；（6）建筑学会创办以来的活动；（7）反右时期的思想认识；（8）向党交心的情况；（9）怎样认识群众的批判……同时几乎每天都有人来向他外调某某人的情况并写材料。从他写的这些大量的材料中，可以反映出，他的人格及做人的准则，诚实真诚，实事求是，热爱国家民族，坚信共产党是正确的。在写外调证明时，更是一丝不苟，如实的反应，绝不因为与对方有任何个人恩怨而受影响。但是革命群众的回答永远是假检查、真反扑。

一天晚上，革委会的刘主任来到我们家，他看了看四壁结冰的屋子，坐下来和我谈党的政策是团结一切可以团结的力量，"包括梁思成，我们也相信他能改造好，党还需要他为社会主义服务。"他告诉我要送梁思成住院治疗。天哪！我仿佛看到了一线阳光照进了我们这个冰冷的小屋。当晚十一点刘主任又来了，并且告诉我车子已经在外面等候，要立刻送思成去医院。

他住院后的第一个任务还是"交待罪行"、"写检查"，但他怎样也写不好，限定的日期一天天接近，我焦急万分。一天工宣队的杨师傅命令我到医院去帮他抄写"检查"并于第二天带回。我到医院一看，他写些什么呀，东一句，西一句。我急了，他胆怯地说："不知怎么搞的，我的脑子不听使唤。"我急得哭了起来。一位护士拍拍我的肩，小声地说："别这样，他的脑子缺氧啊!"一句话提醒了我，我安慰他让他先睡下。我想凭我平时对他的了解，加上我们经常讨论的一些问题，是不难诌一篇"检查"的。但是当我提起笔来写时，却不知从何下笔。

天已经发白，我面前仍是一张白纸，我只好急急忙忙地在他那不连贯的"检查"中挑出几段，加上我从别人批判他的大字报上看来的内容，胡乱加在一起诌了一份"检查"带回去。当我把这份"检查"交给军代表老朱时，心怦怦直跳，他接过去翻了一下说："这是你替他写的吗?"我吓了一跳，连忙否认："不，不……是我抄的。"我仿佛看到老朱的嘴角露出一丝善意的微笑。这份检查刚贴出去，周围立刻就贴满了大字报批判他"假检查，真反扑"。

1969年1月26日（星期日），这天清华大学没有休息。下午一点钟，全校师生员工就集合在大礼堂前的草坪上等待宣读中央文件。工宣队的成员喜笑颜开地透露说："有一个特大喜讯。"排列在主席台两边的锣鼓队，也在那里使劲地槌打，响声震耳欲聋。我想不出有什么喜事，只好耐心地等待着，大约一小时后迟群走上主席台，原来是宣读中共中央转发的，毛主席圈阅的清华大学关于《坚决贯彻执行对知识分子"再教育""给出路"的政策》（后来称之为"清华经验"）的文件，在这份经验中总结了对待知识分子的五种不同的政策：一是对一般知识分子的政策；二是对"可以教育好的子女"（后来称为"可教子女"）的政策；三是对犯了"走资派"错误的干部的政策；四是对资产阶级反动学术权威的政策；五是对反革命分子的政策。我注意地听着第四条："四、对资产阶级学术权威，经过充分批判，要给以出路。"

在清华大学被群众称为资产阶级学术权威的，大大小小有一百余人，其中比较突出的共有十四人。

"这些人不是特务、叛徒和其他反革命分子，但他们站在反动的立场上，在学术领域内大搞封、资、修和'三脱离'的一套货色，是资产阶级知识分子统治我们学校的重要支柱……他们人数不多，流毒很广，影响较大。其中原土建系主任，一级教授，建筑学反动权威梁思成；原副校长，一级教授，机械学反动权威刘仙洲；力学反动权威钱伟长尤其如此……"

"宣传队遵照伟大领袖毛主席'彻底揭露那批反党反社会主义的所谓学术权威的资产阶级反动立场，彻底批判学术界、教育界、文艺界、出版界的资产阶级反动思想，夺取在这些文化领域中的领导权'的教导，选定梁思成、刘仙洲、钱伟长三个典型，发动师生员工以毛泽东思想为武器，抓住他们的要害问题，紧紧围绕着两条路线斗争这个纲，集中批判了他们的学术是在什么路线指导下，为谁服务和怎样服务的问题……使师生员工受到了很大教育，认识到'学问再多，方向不对，等于无用'的伟大真理……"

"二是在批了之后，不再让他们在校、系等各级领导岗位上当权，但教授的头衔可以保留；身体好，能做点事情的（如钱伟长）要用，他那一套体系必须砸烂，但在分体上、个别部分上还有用，应有所取。年纪太大，用处不大的（如梁思成、刘仙洲），也要养起来，留做反面教员……"

我说不出心中是什么滋味，会后工宣队师傅认为这是对我们家庭的大恩大德，要我谈谈体会。我说："毛主席的这一伟大政策意义太深刻了，我得好好想想。"谈什么呢？我脑子里只留下一句话："年纪太大，用处不大的（如梁思成、刘仙洲），也要养起来，留做反面教员。"工宣队的师傅特意到医院去向思成传达了这一文件。我不愿和思成去谈论它，后来当我翻阅他的笔记本时才发现，从 1 月 26 日到 2 月 27 日他没有写一个字。沉默！这是他的回答。对知识分子来说，往往生活上的艰苦不是最可怕的，最难以忍受的是人格的侮辱与恶意的嘲弄。不久思成参加了医院的病友学习班，有机会接近群众使他非常高兴。有一天他悄悄地问我，现在猪肉多少钱一斤？我一怔："九毛啊，怎么了？"他笑了，说在学习班不知讨论什么问题时他说了句猪肉卖六毛一斤，引起哄堂大笑。一位老大姐笑着说："看这个老头被当权派给蒙蔽得连猪肉多少钱一斤都不知道了。"

在思成被揪斗以后，只有从诫和我的妹妹有时来看我们，其他人离得远远的（梁再冰当时在国外）。但是却常常有些普通的群众见面向我打听思成的情况，其中就有几个清华的邮递员，他们总是乐观地安慰我说："您放心，没事，早晚问题能搞清楚。"一天，邮递员老赵在安慰了我之后又叹了口气说："我当了三十年邮差，就数梁先生关心、信任我们，他的收发章就放在门口的小茶几上，让我们自己盖，夏天准有一壶凉开水。是个好人哪！好人哪！您放心吧！"他又深深地叹了口气。

"清华经验"在全国、全市传达以后，一天一个青年木工找到我家，一定要见思成，向他请教《清式营造则例》中的问题，他急切地说："再不学就要失传了。"

又有一天，一位白胡子老头捧着一个大西瓜到北京医院去看思成，原来是抗日战争前给思成拉包月车的老王。老头哈哈笑着说："早就听说您回北京了，就是打听不到您住在哪，现在听了文件（指传达'清华经验'的中央文件），知道您在这儿，这才来看您。"他还特意跑到清河镇去为思成要了些瓜蒌籽种在我们的院子里，说是它能治肺气肿。第二年，等这些瓜藤上挂满一个个金黄的小圆瓜时，思成已永远地离开了人间。

1969年10月7日，军宣队的刘主任与熊向辉先生到医院来看思成，告知他英国作家韩素音来中国访问，想写几篇关于中国"文化大革命"的报道，周总理建议她访问梁思成、林巧稚①和钱伟长。刘主任一再嘱咐他说："你可以随便地和她谈谈体会，想到什么就谈什么，千万不要像检讨似地谈话，千万不要认罪检查。她是国际友人，可不是红卫兵。"第二天一早刘又来对他叮咛一次。但这次谈话失败了，他在笔记中这样写道："这次总理要我和韩素音谈话，是党对我的信任，是党交给我宣传毛泽东思想的一次光荣任务。然而我却辜负了党的信任，没有很好地完成任务。"

我曾久久地思量，为什么过去活跃、诙谐的梁思成，如今谈起话来竟变得空洞而乏味？尽管他受尽屈辱与折磨，但他始终相信："这次无产阶级文化大革命，对巩固无产阶级专政，防止资本主义复辟，建设社会主义，是完全必要的，是非常及时的。"②可是他的"建筑观"与"教育思想"却被砸得粉碎，它们并非"破就是立"。对思成来说"建筑"是他全部的"生命"。如今他的全部学术思想和研究工作被彻底否定，这使思成成了一个被抽掉了灵魂的人！尽管他仍然在和疾病斗争着，在他的学术思想中挣扎着，但是过去那个生气勃勃的梁思成已经不复存在了。

不久他又恢复了党籍，从"反面教员"变成了"无产阶级先锋队"中的一员。革委会通知他在全校大会上做一个发言，谈谈学习新党章的认识和体会。思成紧张极了，他患的肺心病已到了

---

① 林巧稚，女，妇科医学家。

② 摘自《中国共产党第八届扩大的第十二次中央委员会公报》，1968年11月31日《人民日报》。

晚期，处于心力衰竭、呼吸衰竭的情况，因此大脑供血不足，很难集中思想写东西。尽管如此，他还是拼命地用了四五天的时间，写了一份体会。开会的前一天晚上，革委会把准备发言的人召集到第二教学楼内试讲。迟群看他拿着好几页发言稿，皱着眉头对他说："梁思成！你能不能简单一点，说一下自己的体会。"思成吃了一惊，他哪有能力在一两分钟内把讲稿压缩成几句话，因此怯懦地说："我要用新党章的'总纲'来衡量自己检查自己，斗私批修……"迟群打断他的话说："好！你就回家去斗私批修吧！"于是把他赶出了二教楼。他失去了做人最起码的尊严！我正在门外等他，看见他涨红了脸，蹒跚地走了出来，我赶上去扶着他，我们默默地走回去，谁也没有说话。

这回他彻底糊涂了。他仍然孤独着，等待着他最关心和爱护的学生来和他探讨教育革命的问题，他的等待落空了。他仍是个"不齿于人类的狗屎堆"。他哪里知道这"庙小神灵大，池浅王八多"的清华知识分子，已大半被赶到江西鲤鱼洲劳动改造去了。

永别

思成出院时，工宣队朱××曾私下向我透露，总理办公室指示要解决好思成的住房，照顾好他的生活，关心他的工资多少、能否雇得起保姆等细小琐事。然而清华园仍旧笼罩着恐怖和紧张的气氛，总理的指示没有落实。不仅如此，每天三个单元的学习时间，一分钟也不许我请假，晚上没事也得在学习班傻坐到十二点才回去。我每天怀着忐忑的心情迈进家门的第一件事，就是看看炉子灭了没有。由于远离医院，我又一次充当了护士和联络员，他再次感冒住院了。北京医院向人大常委及清华大学革委会，发出了梁思成病危的通知，要求昼夜有人护理，要求家属陪住。工宣队这才开了恩，允许我每晚提前于九点离开学习班，等我匆匆赶到医院已是夜间十一点了。思成每晚都等见到我后才肯入睡。早上五点我一起来他就惊醒。当我轻轻地亲吻他的额头告别时，他总是默默地目送我离开，我的心止不住地战栗，也许这是最后的一天！

不！不！我要尽一切努力挽回他的生命。我不顾一切地向工宣队写了一份申请，将思成上次出院时的医嘱、造成这次又住院的原因，及当前的病情作了简单的叙述后，请求批准我请长期事假在医院照顾病人。工宣队的霍××看了我的申请火冒三丈，公开批评我对工宣队有不满情绪。那时谁要是胆敢对毛主席派来的工宣队不满，几乎就等于反对毛主席。霍××怒气冲冲地跑到医院来冲着思成质问："梁思成，你到底有什么病？"思成吓了一跳，说实在的，思成对自己患什么病从不过问，他苦苦地挣扎在死亡的边缘，自然知道自己病情的严重，也预感到即将离开人世。对一个即将离去的人，无需知道自己患的是什么病。

"我……我……"他答不上来。我气愤到了顶点，但为了让思成得到最后的安宁，强压怒火对霍说："我们找大夫问问吧。"霍××出了病房根本不理睬我，头也不回地径自走了。

思成仍然关心着国家大事，我每天的第一件事就是为他读《人民日报》和《参考消息》。一天我为他读斯诺写的"同毛泽东的一次交谈"，当我读到"毛主席说'所谓四个伟大讨嫌'"时，思成吃惊地说："四个伟大不是林副主席提的吗？"

为了尽量减轻他的痛苦，我每天都在护士的帮助下为他变换姿势，把他从床上抱到沙发上，又从沙发上搬回床上。慢慢地我一个人就能搬动他了，当我抱起他来感到他一天比一天轻时，我的心也就一天一天地往下沉。

1972年的元旦他听完了《人民日报》社论后对我说："台湾回归祖国的一天我是看不见了，'王师北定中原日，家祭毋忘告乃翁。'等到了那一天你别忘了替我欢呼。"我的泪水夺眶而出，紧紧攥着他的手说："不！不！你答应过我，永远不离开我。"1972年1月9日他在受尽屈辱和折磨后含恨去世，永远离开了这个世界。

如果有人问我，最后的日子里他最需要的是什么？我只能说他最需要的是：什么是"无产阶级教育路线"、什么是"无产阶级建筑观"的答案。然而他没有找到，他黯然了。失去林徽因的悲哀没有压倒他，"大屋顶"的批判没有压倒他，而今他真正地悲哀了，他永远永远失去了欢乐与笑容。

在他最后，也是最痛苦的日子里，他多么盼望能和他的朋友们、学生们一起讨论"教育革命"，一起讨论"怎样在建筑领域防止资本主义复辟"，然而他病房的会客牌总是静静地挂在医院传达室里。难道这位曾经无私地把全部智慧都献给人们的学者真的已被大家遗忘了吗？不！我不相信！这一切，历史将会作出回答。

又是一个"万籁无声，孤灯独照"的寂静的夜晚。我一页一页地回忆往事。

我又看到他——一位风尘仆仆地奔走在祖国大地上，为发现祖国建筑的瑰宝而欣喜若狂的勇敢的探险者。

我又看到他——一位生气勃勃、诙谐、风趣、循循善诱的，无私的老师。

我又看到他——一位追求真理、无私无畏、勇于前进、不断探索的严谨的科学工作者。

我更深切地感受到他那颗热爱祖国，热爱祖国建筑文化而强烈跳动着的心。

我想起 20 世纪 60 年代初，他登桂林叠彩山时作的一首游戏诗：

> 登山一马当先，
> 岂敢冒充少年？
> 只因恐怕落后，
> 所以拼命向前。

是的，我是亲眼看到他在这最后的十年是怎样拼命向前的。然而他所经历的最后的岁月，竟是一条历史倒退之路，无论他怎样拼命，也是不可能"向前"了。

每当我回顾他在人生最后的旅途中的煎熬与痛苦的挣扎时，我的心就会颤抖，往日的伤口就会突然崩裂，难以愈合。但是我也感到平静与慰藉，因为在他最困难的日子里我给了他全部的爱，我与他紧紧地相依为命，走完了他生命的最后一段路程。他的悲剧是整个民族悲剧的一个缩影。今天，在他含恨而逝的三十八年之后，在他一百一十岁诞辰之际，我执笔凝思，看着窗外美丽的月光，清华园这样宁静，它在新生中，但是他却看不到这一切了。

　　我的亲人：在你"拼命向前"之时，甚至没有时间停下脚步看一看美丽的清华园。然而此时此刻，我是多么盼望能同你一道在校园中漫步，在荒岛的小亭中坐一坐，再看一眼我们周围的景色，看一眼历史是怎样真正"向前"的，哪怕仅仅只一分钟！

2010 年夏修改于北京

梁思成与林洙在书房里合影